国家高技能人才培训教材

数控车床编程与加工实训

（技师篇）

主　编　李　武

副主编　邹　宾

参　编　王海东　邱立新

　　　　刘克军　陈　亮

天津大学出版社

TIANJIN UNIVERSITY PRESS

内 容 简 介

本教材针对 FANUC 0i 系统,从数控车床加工实训的要求出发,结合典型零件的编程与加工,将数控加工工艺、数控编程和机床操作有机结合,从而实现"教、学、做"一体化;引入了企业现场生产管理方面的知识,注重提高学员的生产素养,同时具有先进的生产管理理念;介绍了数控车床常见的机械故障和液压故障。

图书在版编目(CIP)数据

数控车床编程与加工实训：技师篇 / 李武主编. —
天津：天津大学出版社,2016.12
国家高技能人才培训教材
ISBN 978-7-5618-5717-5

Ⅰ.①数…　Ⅱ.①李…　Ⅲ.①数控机床－车床－程序
设计－技术培训－教材②数控机床－车床－加工－技术培
训－教材　Ⅳ.①TG519.1

中国版本图书馆CIP数据核字(2016)第282458号

出版发行		天津大学出版社
地	**址**	天津市卫津路92号天津大学内(邮编:300072)
电	**话**	发行部:022-27403647
网	**址**	publish.tju.edu.cn
印	**刷**	廊坊市海涛印刷有限公司
经	**销**	全国各地新华书店
开	**本**	185mm×260mm
印	**张**	14
字	**数**	349千
版	**次**	2016年12月第1版
印	**次**	2016年12月第1次
定	**价**	45.00元

前　言

数控加工机床作为当今制造业的主流设备,其应用水平的高低已经成为衡量一个国家制造业综合水平的重要指标。为了适应我国对高技能人才的培养需要,经过大量实践,本着以强调"实用性"为原则,笔者编写了这本实训教材。

本教材以数控车床为主线,针对企事业单位及社会上已从事数控加工工作多年并已取得高级工职业资格证而要申报高一级职业资格鉴定的人员,结合数控加工专业实际工作岗位的要求,依据国家职业技能鉴定标准,采用"项目驱动"方式,完成"生产管理""车削中心编程与加工""自动编程""复合件编程与加工""数控机床的检验与维修"等项目的工作任务,使培养目标、教学内容与企业生产实际高度吻合,真正体现"教、学、做"一体化的特点。

本教材以培养高技能人才岗位能力为出发点,作为国家高技能人才培训教材,是国家数控车床工职业资格证书考试的指定参考教材。针对 FANUC 0i 系统,既注重数控车床加工实际操作能力的培养,结合典型零件的编程与加工,将数控加工工艺、数控编程和机床操作有机的结合,从而实现"教、学、做"一体化;同时通过引入企业现场生产管理方面的知识,注重提高学员的职业素养,使之具备先进的生产管理理念。

本教材主编李武,副主编邹宾,参加编写的人员还有王海东、邱立新、刘克军、陈亮。此外,在编写过程中得到了大连机床集团技术人员的大力协助,在此表示感谢。

由于编者水平有限,本书难免存在一些缺点和不足,恳请读者批评指正。

本课程教学共需 108 学时,具体参考学时见下表。

项目	任务	学时
项目一　数控车床加工基础知识	任务一　数控机床插补原理	4
	任务二　工件的精度检验与质量分析	6
	任务三　加工余量和工序尺寸及其公差的确定	4
	任务四　先进制造系统简介	2
项目二　数控加工的生产管理与质量管理	任务一　数控加工的生产管理	6
	任务二　数控加工的质量管理	4
项目三　数控车削中心编程加工与数控车削自动编程加工	任务一　轴向与周向孔的编程加工	12
	任务二　复合件的车铣编程加工	12
	任务三　数控车削自动编程加工	12

项目	任务	学时
项目四　复杂组合零件的车削加工	任务一　变导程螺纹轴的加工	10
	任务二　梯形螺纹轴和沟槽配合件的加工	10
	任务三　复杂组合零件的车削加工	10
项目五　数控车床的精度检验与故障诊断	任务一　数控车床的精度检验	6
	任务二　数控车床的机械故障诊断与排除	6
	任务三　数控车床液压系统的故障诊断和维修	4
附录一　数控车床工(技师)鉴定模拟试卷		(不占教学课时)
附录二　数控车床工(技师)技能鉴定工作要求		(不占教学课时)
附录三　数控车削加工常用词汇英汉对照		(不占教学课时)
附录四　数控车床工(技师)论文写作与答辩要点		(不占教学课时)
合计		108

编　者

2016 年 11 月

目　　录

项目一　数控车床加工基础知识 …………………………………………………… 1

　　任务一　数控机床插补原理 …………………………………………………… 1

　　任务二　工件的精度检验与质量分析 ………………………………………… 7

　　任务三　加工余量和工序尺寸及其公差的确定 …………………………… 26

　　任务四　先进制造系统简介 ………………………………………………… 35

项目二　数控加工的生产管理与质量管理 …………………………………… 42

　　任务一　数控加工的生产管理 ……………………………………………… 42

　　任务二　数控加工的质量管理 ……………………………………………… 57

项目三　数控车削中心编程加工与数控车削自动编程加工 ……………… 65

　　任务一　轴向与周向孔的编程加工 ………………………………………… 65

　　任务二　复合件的车铣编程加工 …………………………………………… 80

　　任务三　数控车削自动编程加工 …………………………………………… 100

项目四　复杂组合零件的车削加工 …………………………………………… 116

　　任务一　变导程螺纹轴的加工 ……………………………………………… 116

　　任务二　梯形螺纹轴和沟槽配合件的加工 ………………………………… 124

　　任务三　复杂组合零件的车削加工 ………………………………………… 138

项目五　数控车床的精度检验与故障诊断 ………………………………… 155

　　任务一　数控车床的精度检验 ……………………………………………… 155

　　任务二　数控车床的机械故障诊断与排除 ………………………………… 161

　　任务三　数控车床液压系统的故障诊断和维修 …………………………… 179

附录一　数控车床工(技师)鉴定模拟试卷 ………………………………… 188

　　理论考核部分 ………………………………………………………………… 188

　　技能操作考核部分 …………………………………………………………… 193

附录二　数控车床工(技师)技能鉴定工作要求 …………………………… 201

附录三　数控车削加工常用词汇英汉对照 ………………………………… 203

附录四　数控车床工(技师)论文写作与答辩要点 ………………………… 214

参考文献 ………………………………………………………………………… 217

项目一　数控车床加工基础知识

任务一　数控机床插补原理

【任务描述】

学习数控机床插补原理知识。

【任务准备】

一、实训目标

1. 知识目标

掌握数控机床插补计算的种类及步骤。

2. 技能目标

能够进行直线及圆弧逐点比较插补计算。

3. 情感目标

培养学员严谨、细致、规范的职业态度。

二、知识准备

数控系统在处理轨迹控制信息时,一般情况用户编程时给出了轨迹的起点和终点以及轨迹的类型(即直线、圆弧或是其他曲线),并规定其走向(如圆弧是顺时针还是逆时针),然后由数控系统在控制过程中计算出运动轨迹的各个中间点,即"插入""补上"轨迹运动的中间点,这个过程称为插补。插补结果输出运动轨迹的中间点的坐标值,机床伺服系统根据此坐标值控制各坐标轴协调运动,走出预定轨迹。

(一)插补算法的种类

插补工作可用硬件(插补器)或软件来完成,也可由软硬件结合一起来完成。早期的数控(Numerical Control, NC)系统中,插补器是一个由专门的硬件接成的数字电路装置,这种插补称为硬件插补。它把每次插补运算产生的指令脉冲输出到伺服系统,驱动工作台运动,每插补运算一次,便发出一个脉冲,工作台就移动一个基本长度单位,即脉冲当量。它的柔性较小,计算能力较弱,但其计算速度快,采用电压脉冲作为插补坐标增量输出,称为基准脉冲插补法(也称脉冲增量插补法),包括逐点比较插补法、数字积分插补法等。随着计算机数控（Computer Numerical Control, CNC）系统的发展，因软件插补法柔性好，计算能力强，可以进行复杂轮廓的插补，所以应用得越来越广。软件插补法可分成基准脉冲插补法和数据采样（Sampled-data）插补法（也称数字增量插补法）两类。基准脉冲软件插补法是模拟硬件插补的原理，其插补输出仍是脉冲；数字增量插补法的数据采样系统中，计算机定时对反馈回路采样，在与插补程序所产生的指令数据进行比较后，得出误差信号（跟随误差）输出，位置伺服软件将根据当前的误差信号算出适当的坐标轴进给，输出给驱动装置。现在大多数数控系统将软件插补法与硬件插补法结合起来，软件插补完成粗插补，硬件插补完成精插补，既可获得高的插补速度，又能完成较高的插补精度。

逐点比较法是一种逐点计算、判别偏差并纠正逼近理论轨迹的方法，在插补过程中每走一步要完成以下四个工作节拍：

(1) 偏差判别———判别当前动点偏离理论曲线的位置；

(2) 进给控制———确定进给坐标及进给方向；

(3) 新偏差计算——进给后动点到达新位置，计算出新偏差值，作为下一步判别的依据；

(4) 终点判别———查询一次，终点是否到达。

(二) 逐点比较法直线插补

用逐点比较法进行直线插补计算，每走一步都需要进行偏差判别、坐标进给、偏差计算和终点判别这四个节拍。

1. 第 I 象限直线插补

如图 1-1-1 所示，指定直线起点为坐标原点，终点坐标为 $I_e(X_e, Y_e)$，动点坐标为 $I(X_i, Y_i)$。若每运动一步在 X 或 Y 方向进给一个脉冲当量，插补过程如下。

1) 偏差判别

直线的一般表达式为

$$Y/X = Y_e/X_e$$

则动点 I 的判别方程 F_i 写为

$$F_i = Y_i X_e - X_i Y_e$$

若 $F_i=0$，则动点恰好在直线上；若 $F_i>0$，动点在直线上方；若 $F_i<0$，动点在直线下方。F_i 称为偏差函数。

2) 进给控制

直线在第 I 象限，其终点坐标 X_e，Y_e 均为正值，则动点的一步进给 ΔX 或 ΔY 也应为正值，其他象限可类比推出。当 $F_i \geq 0$ 时，$\Delta X=1$；当 $F_i<0$ 时，$\Delta Y=1$。

3) 新偏差计算

若沿 X 轴进给了一步 ΔX，则有

$$F_i+1 = Y_i X_e - Y_e X_{i+1} = Y_i X_e - Y_e X_i - Y = F_i - Y_e$$

同理，若沿 Y 轴进给了一步 ΔY，则有

$$F_{i+1} = F_i + X_e$$

4)终点判别

终点判别有以下三种方法。

(1)单向计数:把 X_e 或 Y_e 中数值较大的坐标值作为计数长度。例如:当 $|X_e|>|Y_e|$ 时,计 X 值, X_i 走一步,计数长度减 1,直到计数长度等于 0 时,插补停止。这种方法到达终点位置的误差为一个脉冲当量。

(2)双向计数:把 $|X_e|+|Y_e|$ 作为计数长度。计数寄存器的长度设置增加,运算量也增加。

(3)分别计数:既计 X,又计 Y。只有当 X 减到 0, Y 也减到 0 时,才停止插补。这种方法的插补精度较高,但要设置两个计数器,而用软件插补要增加计算机判别时间。

2.各象限直线插补方法

如图 1-1-2 所示为 4 个不同象限直线插补的进给方向,表 1-1-1 为其对应的偏差函数。

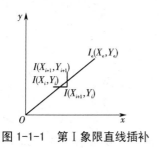

图 1-1-1　第 I 象限直线插补

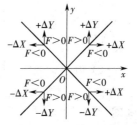

图 1-1-2　各象限直线插补

表 1-1-1　四个象限直线插补进给方向及偏差函数

$F_i \geq 0$			$F_i < 0$		
象限	进给	偏差函数	象限	进给	偏差函数
I　IV	$+\Delta X$	$F_{i+1}=F_i-\vert Y_e \vert$	I　II	$+\Delta Y$	$F_{i+1}=F_i+\vert X_e \vert$
II　III	$-\Delta X$		III　IV	$-\Delta Y$	

(三)逐点比较法圆弧插补

圆弧插补的计算步骤与直线插补计算步骤基本相同,但由于其新点的偏差计算公式不仅与前一点偏差有关,还与前一点坐标有关,故在新点偏差计算的同时要进行新点坐标计算,以便为下一新点的偏差计算做好准备。对于不过象限的圆弧插补来说,其步骤可分为偏差判别、坐标进给、新点偏差计算、新点坐标计算及终点判别五个步骤。当然,对于过象限的圆弧加工,其步骤需要加上过象限判别。

1.第 I 象限圆弧插补

圆弧插补有顺圆、逆圆之分,现以逆圆插补为例。如图 1-1-3 所示,坐标原点为圆弧的圆心,起点 $A(X_0,Y_0)$,终点 $B(X_e,Y_e)$,动点 $I(X_i,Y_i)$。若每运动一步在 X 或 Y 方向进给一个脉冲当量,插补过程如下。

1)偏差判别

圆的一般表达式为

$$X^2+Y^2=R^2$$

则动点的判别方程 F_i 写为

$$F_i=X_i^2+Y_i^2-R^2$$

当 $F_i=0$ 时,动点正好在圆弧上;当 $F_i>0$ 时,动点在圆外;当 $F_i<0$ 时,动点在圆内。

2)进给控制

第 I 象限逆圆的进给方向为 $+\Delta Y$ 和 $-\Delta X$,则

$$F_i \geqslant 0 \qquad\qquad \Delta X=-1$$
$$F_i<0 \qquad\qquad \Delta Y=+1$$

3)新偏差计算

若进给 ΔX,则

$$F_{i+1}=(X_i-1)^2+Y_i^2-R^2=X_i^2-2X_i+1+Y_i^2-R^2=F_i-2X_i+1$$

若进给 ΔY,则

$$F_{i+1}=X_i^2+(Y_i+1)^2-R^2=X_i^2+Y_i^2+2Y_i+1-R^2=F_i+2Y_i+1$$

由上式可知,计算时要随时记下动点的瞬时坐标。

4)终点判别

仍用计数长度判别,只是计算比较复杂,特别是跨越多个象限的圆弧。如图 1-1-4 所示为跨象限圆弧。

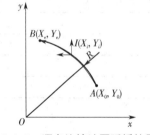

图 1-1-3　逐点比较法圆弧插补原理

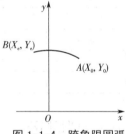

图 1-1-4　跨象限圆弧

若以 X 方向的脉冲数作为计数长度,则

$$M=X_0-X_e=\sum X$$

若以 Y 方向的脉冲数作为计数长度,则

$$M=(R-Y_0)-(R-Y_e)=\sum Y$$

若为单向计数,为避免到达终点时丢掉某一方向的脉冲,要根据终点坐标 X_e、Y_e 中较小值的坐标方向作为计数长度,即 $X_e>Y_e$ 时, $M=\sum Y$; $Y_e>X_e$ 时, $M=\sum X$。若为双向计数,则 $M=\sum X+\sum Y$。

2. 跨象限圆弧插补

圆弧插补不同于直线插补。因为圆弧本身有顺时针圆弧和逆时针圆弧,圆弧所在象限

不同,其偏差计算、进给坐标及方向也不同,一般圆弧可能跨越多个象限。令4个象限的顺圆和逆圆分别为 SR1、SR2、SR3、SR4 和 NR1、NR2、NR3、NR4,进给坐标及方向、偏差计算见表 1-1-2。

表 1-1-2　顺圆、逆圆插补运算

偏差符号 $F_i \geqslant 0$				偏差符号 $F_i < 0$			
圆弧类型	进给方向	偏差计算	坐标计算	圆弧类型	进给方向	偏差计算	坐标计算
SR1、NR2	$-Y$	$F_{i+1}=F_i-2Y_i+1$	$X_{i+1}=X_i$ $Y_{i+1}=Y_i-1$	SR1、NR4	$+X$	$F_{i+1}=F_i+2X_i+1$	$X_{i+1}=X_i+1$ $Y_{i+1}=Y_i$
SR3、NR4	$+Y$			SR3、NR2	$-X$		
NR1、SR4	$-X$	$F_{i+1}=F_i-2X_i+1$	$X_{i+1}=X_i-1$ $Y_{i+1}=Y_i$	NR1、SR2	$+Y$	$F_{i+1}=F_i+2Y_i+1$	$X_{i+1}=X_i$ $Y_{i+1}=Y_i+1$
NR3、SR2	$+X$			NR3、SR4	$-Y$		

　　由逐点比较法插补原理可以看出,逐点比较插补法的特点是以阶梯折线来逼近直线和圆弧等曲线,它与理论要求的直线或圆弧之间的最大误差为一个脉冲当量。因此,只要把脉冲当量取得足够小,就可达到较高的加工精度要求,并且每插补一次只能一个坐标轴进给,其他坐标轴不能联动。

【任务实施】

一、实训步骤

(1)进行直线插补计算,完成任务 1-1-1。

(2)进行圆弧插补计算,完成任务 1-1-2。

任务 1-1-1　插补如图 1-1-5 所示直线,脉冲当量为 1,以单一坐标为计数长度。

解　$|X_e| > |Y_e|$,则计数长度 $M = |X_e| = 10$,$F_0 = Y_0X_e - X_0Y_e = 0$,插补自原点开始,插补过程见表 1-1-3。

表 1-1-3　直线插补过程

序号	偏差判别	进给控制	偏差计算	终点判别
1	$F_0 = 0$	$+\Delta X$	$F_1 = F_0 - Y_e = 0 - 6 = -6$	$M = 10 - 1 = 9$
2	$F_1 < 0$	$+\Delta Y$	$F_2 = F_1 + X_e = -6 + 10 = 4$	$M = 9$
3	$F_2 > 0$	$+\Delta X$	$F_3 = F_2 - Y_e = 4 - 6 = -2$	$M = 9 - 1 = 8$
4	$F_3 < 0$	$+\Delta Y$	$F_4 = F_3 + X_e = -2 + 10 = 8$	$M = 8$
5	$F_4 > 0$	$+\Delta X$	$F_5 = F_4 - Y_e = 8 - 6 = 2$	$M = 8 - 1 = 7$
6	$F_5 > 0$	$+\Delta X$	$F_6 = F_5 - Y_e = 2 - 6 = -4$	$M = 7 - 1 = 6$
7	$F_6 < 0$	$+\Delta Y$	$F_7 = F_6 + X_e = -4 + 10 = 6$	$M = 6$
8	$F_7 > 0$	$+\Delta X$	$F_8 = F_7 - Y_e = 6 - 6 = 0$	$M = 6 - 1 = 5$

续表

序号	偏差判别	进给控制	偏差计算	终点判别
9	$F_8=0$	$+\Delta X$	$F_9=F_8-Y_e=0-6=-6$	$M=5-1=4$
10	$F_9<0$	$+\Delta Y$	$F_{10}=F_9+X_e=-6+10=4$	$M=4$
11	$F_{10}>0$	$+\Delta X$	$F_{11}=F_{10}-Y_e=4-6=-2$	$M=4-1=3$
12	$F_{11}<0$	$+\Delta Y$	$F_{12}=F_{11}+X_e=-2+10=8$	$M=3$
13	$F_{12}>0$	$+\Delta X$	$F_{13}=F_{12}-Y_e=8-6=2$	$M=3-1=2$
14	$F_{13}>0$	$+\Delta X$	$F_{14}=F_{13}-Y_e=2-6=-4$	$M=2-1=1$
15	$F_{14}<0$	$+\Delta Y$	$F_{15}=F_{14}+X_e=4+10=6$	$M=1$
16	$F_{15}>0$	$+\Delta X$	$F_{16}=F_{15}-Y_e=6-6=0$	$M=1-1=0$

任务 1-1-2 对图 1-1-6 所示的逆圆进行插补计算。

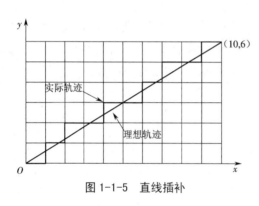

图 1-1-5　直线插补　　　　　　　图 1-1-6　第Ⅰ象限逆圆插补

解　计数长度 $M=\sum X+\sum Y$，插补过程见表 1-1-4。

表 1-1-4　圆弧插补过程

序号	偏差判别	坐标进给	偏差计算	坐标计算	终点判别
1	$F_0=0$	$\Delta X=-1$	$F_1=F_0-2X_0+1=0-2\times6+1=-11$	$X_1=6-1=6, Y_1=0$	$M=6+6-1=11$
2	$F_1<0$	$\Delta Y=1$	$F_2=F_1+2Y_1+1=-11+0+1=-10$	$X_2=5, Y_2=0+1=1$	$M=11-1=10$
3	$F_2>0$	$\Delta Y=1$	$F_3=F_2+2Y_2+1=-10+2\times1+1=-7$	$X_3=5, Y_3=1+1=2$	$M=10-1=9$
4	$F_3<0$	$\Delta Y=1$	$F_4=F_3+2Y_3+1=-7+2\times2+1=-2$	$X_4=5, Y_4=2+1=3$	$M=9-1=8$
5	$F_4<0$	$\Delta Y=1$	$F_5=F_4+2Y_4+1=-2+2\times3+1=5$	$X_5=5, Y_5=3+1=4$	$M=8-1=7$
6	$F_5>0$	$\Delta X=-1$	$F_6=F_5-2X_5+1=5-2\times5+1=-4$	$X_6=5-1=4, Y_6=4$	$M=7-1=6$
7	$F_6<0$	$\Delta Y=1$	$F_7=F_6+2Y_6+1=-4+2\times4+1=5$	$X_7=4, Y_7=4+1=5$	$M=6-1=5$
8	$F_7>0$	$\Delta X=-1$	$F_8=F_7-2X_7+1=5-2\times4+1=-2$	$X_8=4-1=3, Y_8=5$	$M=5-1=4$
9	$F_8<0$	$\Delta Y=1$	$F_9=F_8+2Y_8+1=-2+2\times5+1=9$	$X_9=3, Y_9=5+1=6$	$M=4-1=3$
10	$F_9>0$	$\Delta X=-1$	$F_{10}=F_9-2X_9+1=9-2\times3+1=4$	$X_{10}=3-1=2, Y_{10}=6$	$M=3-1=2$
11	$F_{10}>0$	$\Delta X=-1$	$F_{11}=F_{10}-2X_{10}+1=4-2\times2+1=1$	$X_{11}=2-1=1, Y_{11}=6$	$M=2-1=1$
12	$F_{11}>0$	$\Delta X=-1$	$F_{12}=F_{11}-2X_{11}+1=1-2\times1+1=0$	$X_{12}=1-1=0, Y_{12}=6$	$M=1-1=0$

任务二　工件的精度检验与质量分析

【任务描述】

通过对加工精度和表面质量知识的学习,能够正确地对工件进行精度检验和质量分析。

【任务准备】

一、实训目标

1. 知识目标

(1)掌握加工精度和表面质量的基本概念。

(2)了解表面质量对零件使用性能的影响。

(3)了解影响加工精度的因素及提高精度的主要措施。

(4)掌握影响表面粗糙度的工艺因素及改善措施。

(5)了解形位误差产生的原因与修正措施。

2. 技能目标

(1)能够对工件进行精度检验。

(2)能够对工件的检验结果进行质量分析。

3. 情感目标

培养学员严谨、细致、规范的职业态度。

二、知识准备

(一)加工精度和表面质量的基本概念

机械产品的工作性能和使用寿命与组成产品的零件的加工质量和产品的装配精度直接有关,而零件的加工质量又是整个产品质量的基础。零件的加工质量包括加工精度和表面质量两个方面内容。

1. 加工精度

所谓加工精度,是指零件加工后的几何参数(尺寸、几何形状和相互位置)与理想零件几何参数相符合的程度,它们之间的偏离程度则为加工误差。加工误差的大小反映了加工精度的高低。加工精度包括以下三方面。

(1)尺寸精度:限制加工表面与其基准间尺寸误差不超过一定的范围。

(2)几何形状精度:限制加工表面的宏观几何形状误差,如圆度、圆柱度、平面度和直线度等。

(3)相互位置精度:限制加工表面与其基准间的相互位置误差,如平行度、垂直度、同轴度和位置度等。

2. 表面质量

机械加工表面质量包括以下两方面。

1)表面层的几何形状偏差

(1)表面粗糙度:指零件表面的微观几何形状误差。

(2)表面波纹度:指零件表面周期性的几何形状误差。

2)表面层的物理、力学性能

(1)冷作硬化:表面层因加工中塑性变形而引起的表面层硬度提高的现象。

(2)残余应力:表面层因机械加工产生强烈的塑性变形和金相组织的可能变化而产生的内应力,按应力性质分为拉应力和压应力。

(3)表面层金相组织变化:表面层因切削加工时切削热而引起的金相组织的变化。

(二)表面质量对零件使用性能的影响

1. 对零件耐磨性的影响

零件的耐磨性不仅与材料及热处理有关,而且还与零件接触表面的粗糙度有关。当两个零件相互接触时,实质上只是两个零件接触表面上的一些凸峰相互接触,因此实际接触面积比理论接触面积要小得多,从而使单位面积上的压力很大。当其超过材料的屈服点时,就会使凸峰部分产生塑性变形甚至被折断,或因接触面的滑移而迅速磨损。以后随着接触面积的增大,单位面积上的压力减小,磨损减慢。零件表面粗糙度值越大,磨损越快,但这不等于说零件表面粗糙度值越小越好。如果零件表面的粗糙度值小于合理值,则由于摩擦面之间润滑油被挤出而形成干摩擦,从而使磨损加快。实验表明,最佳表面粗糙度值在 Ra 0.3 ~ 1.2 μm。另外,零件表面有冷作硬化层或经过淬硬,也可提高零件的耐磨性。

2. 对零件疲劳强度的影响

零件表面层的残余应力性质对疲劳强度的影响很大。当残余应力为拉应力时,在拉应力作用下,会使表面的裂纹扩大,而降低零件的疲劳强度,减少产品的使用寿命。相反,残余压应力可以延缓疲劳裂纹的扩展,而提高零件的疲劳强度。

同时,表面冷作硬化层的存在以及加工纹路方向与载荷方向一致,都可以提高零件的疲劳强度。

3. 对零件配合性质的影响

在间隙配合中,如果配合表面粗糙,磨损后会使配合间隙增大,从而改变原配合性质。在过盈配合中,如果配合表面粗糙,则装配后表面的凸峰将被挤平,而使有效过盈量减小,从而降低配合的可靠性。所以,对有配合要求的表面,也应标注有对应的表面粗糙度值。

(三)影响加工精度的因素及提高精度的主要措施

由机床、夹具、工件和刀具所组成的一个完整的系统称为工艺系统。加工过程中,工件与刀具的相对位置决定了零件加工的尺寸、形状和位置。因此,加工精度的问题也就涉及整个工艺系统的精度问题。工艺系统的种种误差,在加工过程中,会在不同的情况下,以不同的方式和程度反映为加工误差,根据工艺系统误差的性质可将其归纳为工艺系统的几何误差、工艺系统受力变形引起的误差、工艺系统受热变形引起的误差及工件内应力引起的误差。

1. 工艺系统的几何误差及改善措施

工艺系统的几何误差包括加工方法的原理误差、机床的几何误差和调整误差、刀具和夹具的制造误差、工件的装夹误差以及工艺系统磨损所引起的误差。

1）主轴误差

机床主轴是装夹刀具或工件的位置基准,它的误差也将直接影响工件的加工质量。

机床主轴的回转精度是机床的主要精度指标之一,其在很大程度上决定着工件加工表面的形状精度。主轴的回转误差主要包括主轴的径向圆跳动、轴向窜动和摆动。

造成主轴径向圆跳动的主要原因有轴径与轴孔圆度不高、轴承滚道的形状误差、轴与孔安装后不同心以及滚动体误差等,使用该主轴装夹工件将造成形状误差。

造成主轴轴向窜动的主要原因有推力轴承端面滚道的跳动以及轴承间隙等。以车床为例,造成的加工误差主要表现为车削端面与轴线的垂直度误差。

由于前后轴承、前后轴承孔或前后轴径的不同心,造成主轴在转动过程中出现摆动现象。摆动不仅给工件造成工件尺寸误差,而且还造成形状误差。

提高主轴旋转精度的方法主要有提高主轴组件的设计、制造和安装精度以及采用高精度的轴承等方法,这无疑将加大制造成本。还可以通过工件的定位基准或被加工面本身与夹具定位元件之间组成的回转副来实现工件相对于刀具的转动,这样机床主轴组件的误差就不会对工件的加工质量构成影响。

2）导轨误差

导轨是机床的重要基准,它的各项误差将直接影响被加工零件的精度。以数控车床为例,当床身导轨在水平面内出现弯曲(前凸)时,加工后的工件呈鼓形(图 1-2-1（a）);当床身导轨与主轴轴心在水平面内不平行时,加工后的工件呈锥形(图 1-2-1（b）);而当床身导轨与主轴轴心在垂直面内不平行时,加工后的工件呈鞍形(图 1-2-1（c）)。

（a）　　　　　　　（b）　　　　　　　（c）

图 1-2-1　机床导轨误差对工件精度的影响

事实上,数控车床导轨在水平面和垂直面内的几何误差对加工精度的影响程度是不一样的。影响最大的是导轨在水平面内的弯曲或与主轴轴心线的平行度,而导轨在垂直面内的弯曲或与主轴轴心线的平行度对加工精度的影响则小到可以忽略的程度。如图 1-2-2 所示,当导轨在水平面和垂直面内都有一个误差Δ时,前者造成的半径方向加工误差$\Delta R=\Delta$,而后者造成的$\Delta R \approx 2\Delta /d$,可以忽略不计。因此,称数控车床导轨的水平方向为误差敏感方向,而称垂直方向为误差非敏感方向。推广来看,原始误差会引起刀具与工件间的相对位移,如果该误差产生在加工表面的法线方向,则会对加工精度构成直接影响,即为误差敏感方向;若位移产生在加工表面的切线方向,则不会对加工精度构成直接影响,即为误差非敏感方向。

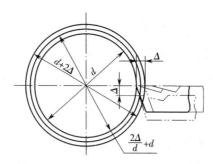

图 1-2-2　车床导轨的几何误差对加工精度的影响

因此，减小导轨误差对加工精度的影响，一方面可以通过提高导轨的制造、安装和调整精度来实现；另一方面也可以利用误差非敏感方向来设计安排定位加工来实现，如转塔车床的转塔刀架设计就充分注意到了这一点，其转塔定位选在了误差非敏感方向上，既没有把制造精度定得很高，又保证了实际加工的精度。

2. 工艺系统受力变形引起的误差及改善措施

工艺系统在切削力、传动力、惯性力、夹紧力以及重力等的作用下会产生相应的变形，从而破坏刀具与工件之间的正确位置，使工件产生几何形状误差和尺寸误差。

例如，车削细长轴时，在切削力的作用下，工件因弹性变形而出现的"让刀"现象使工件产生腰鼓形的圆柱度误差，如图 1-2-3（a）所示。又如，在内圆磨床上用横向切入法磨孔时，由于内圆磨头主轴的弯曲变形，磨出的孔会出现带有锥度的圆柱度误差，如图 1-2-3（b）所示。

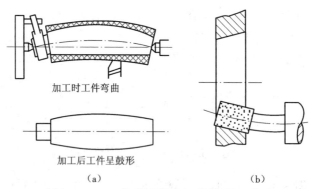

加工时工件弯曲

加工后工件呈鼓形

（a）　　　　　　　　　　　　（b）

图 1-2-3　工艺系统受力变形引起的误差

工艺系统受力变形通常是弹性变形，一般来说，工艺系统抵抗变形的能力越大，加工误差就越小。也就是说，工艺系统的刚度越好，加工精度越高。

工艺系统的刚度取决于机床、刀具、夹具及工件的刚度，其一般公式为

$$K_{xt} = 1/(1/K_{jc} + 1/K_{jj} + 1/K_{dj} + 1/K_{gj})$$

式中　　K_{xt}——工艺系统刚度；

　　　　K_{jc}——机床刚度；

K_{jj}——夹具刚度；

K_{dj}——刀架刚度；

K_{gj}——工件刚度。

提高工艺系统各组成部分的刚度可以提高工艺系统的整体刚度。在生产实际中，常采取的有效措施有：减小接触表面间的粗糙度，增大接触面积，适当预紧，减小接触变形，提高接触刚度；合理地布置肋板，提高局部刚度；减小受力变形，提高工件刚度（如车削细长轴时，利用中心架或跟刀架）；合理装夹工件，减少夹紧变形（如加工薄壁套时，采用开口过渡环或专用卡爪夹紧）。

3. 工艺系统受热变形引起的误差及改善措施

切削加工时，整个工艺系统因受到切削热、摩擦热及外界辐射热等因素的影响，常发生复杂的变形，导致工件与切削刃之间原先调整好的相对位置、运动及传动的准确性发生变化，从而导致加工误差的产生。由这些原因引起的工艺系统的变形现象称为工艺系统的热变形。

实践证明，影响工艺系统热变形的因素主要有机床、刀具、工件，另外环境温度的影响在某些情况下也是不容忽视的。

1）机床的热变形

对机床的热变形构成影响的因素主要有：电动机、电器和机械动力源的能量损耗转化发出的热；传动部件、运动部件在运动过程中发生的摩擦热；切屑或切削液落在机床上所传递的切削热；外界的辐射热。这些热都将或多或少地使机床床身、工作台和主轴等部件发生变形，如图 1-2-4 所示。

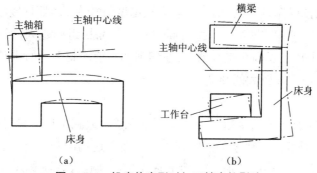

图 1-2-4 机床热变形对加工精度的影响

为了减小机床热变形对加工精度的影响，通常在机床大件的结构设计上采取对称结构或采用主动控制方式均衡关键件的温度，以减小其因受热而出现的弯曲或扭曲变形对加工的影响；在结构连接设计上，其布局应使关键部件的热变形方向对加工精度影响较小；对发热量较大的部件，应采取足够的冷却措施或采取隔离热源的方法。在工艺措施方面，可让机床空运转一段时间，当其达到或接近热平衡时再调整机床并对零件进行加工；或将精密机床安装在恒温室中使用。

2）工件的热变形

因切削热的作用，工件在加工过程中会产生热变形，其热膨胀会影响尺寸精度和形状精度。

为了减小热变形对加工精度的影响，通常采用使用切削液冷却切削区的方法；也可通过选择合适的刀具或改变切削参数的方法来减少切削热或减少传入工件的热量；对大型或较长的工件，在夹紧状态下应使其末端能自由伸缩。

4. 工件内应力引起的误差及改善措施

所谓内应力，就是当外界载荷去掉后，仍残留在工件内部的应力。内应力是工件在加工过程中，其内部宏观或微观组织因发生不均匀的体积变化而产生的。

具有内应力的零件处于一种不稳定的相对平衡状态，可以保持形状精度的暂时稳定。但它的内部组织有强烈的倾向要恢复到一种稳定的没有内应力的状态，一旦外界条件产生变化，如环境温度的改变、继续进行切削加工、受到撞击等，内应力的暂时平衡就会被打破而进行重新分布，零件将产生相应的变形，从而破坏原有的精度。

为减小或消除内应力对零件加工精度的影响，在设计零件结构时，应尽量简化结构，考虑壁厚均匀，以减小在铸、锻毛坯制造中产生的内应力；在毛坯制造后，或粗加工后、精加工前，安排时效处理以消除内应力，切削加工时，应将粗、精加工分开在不同的工序进行，使粗加工后有一定的间隔时间让内应力重新分布，以减少对精加工的影响。

（四）影响表面粗糙度的工艺因素及改善措施

零件在切削加工过程中，由于刀具几何形状和切削运动引起的残留面积、粘接在刀具刃口上的积屑瘤划出的沟纹、工件与刀具之间的振动引起的振动波纹以及刀具后刀面磨损造成的挤压与摩擦痕迹等原因，使零件表面形成了粗糙度。影响表面粗糙度的工艺因素主要有工件材料、切削用量、刀具几何参数及切削液等。

1. 工件材料

一般韧性较大的弹塑性材料，加工后表面粗糙度值较大；而韧性较小的弹塑性材料，加工后易得到较小的表面粗糙度值。对于同种材料，其晶粒组织越大，加工表面粗糙度值越大。因此，为了减小加工表面粗糙度值，常在切削加工前对材料进行调质或正火处理，以获得均匀细密的晶粒组织和较大的硬度。

2. 切削用量

进给量越大，残留面积高度越高，零件表面越粗糙，故减小进给量可有效地减小表面粗糙度值。切削速度对表面粗糙度的影响也很大。在中速切削弹塑性材料时，由于容易产生积屑瘤，且塑性变形较大，因此加工后零件表面粗糙度值较大。通常采用低速或高速切削弹塑性材料，可有效地避免积屑瘤的产生，对减小表面粗糙度值有积极作用。

3. 刀具几何参数

主偏角、副偏角及刀尖圆弧半径对零件表面粗糙度有直接影响。在进给量一定的情况下，减小主偏角和副偏角或增大刀尖圆弧半径可减小表面粗糙度值。另外，适当增大前角和后角，能够减小切削变形和前后刀面间的摩擦，抑制积屑瘤的产生，也可减小表面粗糙度值。

4. 切削液

切削液的冷却和润滑作用能够减少切削过程中的摩擦，降低切削区温度，使切削层金属表面的塑性变形程度降低，抑制积屑瘤的产生，因此可以大大减小表面粗糙度值。

（五）形位误差产生的原因与修正措施

1.产生尺寸误差的原因及修正措施（见表1-2-1）

表1-2-1 产生尺寸误差的原因及修正措施

尺寸精度的获得方法	产生误差的原因	修正措施
试切法	试切中测量不准	合理选择和正确使用量具
	微小进给量难以控制	1. 提高进给机构的精度和刚度； 2. 采用新型微量进给机构； 3. 保证进给丝杠、螺母、刻度盘等的清洁和润滑
	切削刃不锋利造成最小切削厚度变化	选择切削刃倒棱、刀尖圆弧半径小的刀具，精细研磨刃口，提高刀具刚性
调整法	定程机构的重复定位不准确	提高定程机构刚度及操纵机构灵敏性
	抽样判断出现偏差	试切一批工件，精心测量和计算，以提高工件尺寸分布中心位置的判断准确性
	刀具磨损	及时调整车床，刃磨、更换刀具
	工件装夹出现误差	正确选择定位面，提高定位精度
	工艺系统热变形	1. 合理选择切削用量； 2. 利用切削液充分散热，使工艺系统处于热平衡状态
定尺寸刀具法	刀具磨损	控制刀具磨损量
	刀具尺寸精度低	选择精度合适的刀具
	刀具安装出现偏差	提高刀具的安装精度
	刀具产生热变形	充分冷却、润滑刀具
自动控制法	控制系统的可靠性和灵敏性不理想	1. 提高进给机构的重复定位精度和灵敏性； 2. 提高自动检测精度； 3. 提高刀具刚性，并减小刃口钝圆半径

2.产生形状误差的原因及修正措施(见表 1-2-2)

表 1-2-2　产生形状误差的原因及修正措施

加工方法	产生误差的原因	修正措施
轨迹法	1. 车床主轴回转精度不符合要求; 2. 采用滑动轴承时,主轴轴颈和轴瓦的圆度误差会使车削表面不圆; 3. 采用滚动轴承时,轴承滚道不圆、有波纹,滚动体尺寸不一致,轴颈和箱体孔不圆等,均会造成车削圆度误差; 4.轴承的端面圆跳动以及主轴止推轴承、过渡套、垫圈等端面圆跳动均会造成车削端面的平面度误差	1. 提高主轴轴颈与轴瓦的圆度; 2. 对前后轴承要进行角度选配; 3. 采用高精度滚动轴承或静压轴承; 4. 对滚动轴承要预加载荷,消除间隙,配磨隔离套; 5. 用固定顶尖支承工件,避开主轴回转误差影响
	1. 车床导轨的导向误差; 2. 导轨在水平面或垂直面内的直线度误差、前后导轨的平行度误差、横向导轨与主轴轴线的垂直度误差,会使车削表面产生圆柱度和平面度误差; 3. 导轨润滑油压力过大引起刀架不均匀、漂浮以及导轨磨损,都会降低导向精度	1. 保证机床的安装技术要求; 2. 提高或修复导轨的精度和刚度; 3. 采用液体静压导轨或合理的刮油润滑方式; 4. 预加反向变形,抵消导轨制造误差
	成形运动轨迹间几何位置关系误差会使车削表面产生圆度、圆柱度误差	提高和修复车床的几何精度
	车削大型表面、难加工的材料、精度高的表面时,自动车床连续车削等均会使刀尖磨损,造成圆柱度等形状误差	1. 采用耐磨的刀具材料; 2. 定时检查并及时刃磨刀具; 3. 选用合适的切削速度; 4. 自动补偿刀具磨损
成形法	刀具的制造、安装误差与磨损都会直接造成车削表面的形状误差	1. 刀具的制造、安装精度、刃磨质量、耐磨性均需符合要求; 2. 选用磨损轻的刀具

3. 车削工艺中产生的形状误差及修正措施(见表 1-2-3)

表 1-2-3　车削工艺中产生的形状误差及修正措施

形状误差类型	车削工艺中产生误差的原因	修正措施
工艺系统的热变形	车床热变形造成车床静态几何精度降低	1. 移出热源,隔离热源,冷却热源,减少热源影响; 2. 用补偿法均衡温度场,减少热变形; 3. 进行空运转或局部冷却,保持工艺系统热平衡; 4. 降低摩擦,减少发热; 5. 控制环境温度
	工件受热变形时精车,冷却到室温后出现形状误差	1. 工件粗车后要进行充分冷却,然后再精车; 2. 车削时要充分浇注切削液; 3. 选择适当的切削用量,使不过分产生切削热; 4. 热容量小的细长轴、薄板等零件要合理装夹,使其能够热伸长,减少热变形; 5. 根据工件热变形规律,预加反向误差
	一次进给下长时间切削,刀具产生热变形,造成工件的形状误差	1. 要充分冷却; 2. 缩短刀杆悬伸长度,增大截面积,提高刀具散热性

形状误差类型	车削工艺中产生误差的原因	修正措施
工艺系统 受力变形	1. 不同车削位置上,工艺系统刚度差别较大,会出现形状误差; 2. 刚度薄弱处有较大的误差"复映"; 3. 毛坯余量或材料硬度不均匀,引起切削力变化,造成工件形状误差	1. 加强薄弱位置或薄弱环节的工艺系统刚度; 2. 使用跟刀架等辅助支承,减少刚度变化; 3. 改进刀具几何角度,减小吃刀抗力,减少弯曲变形; 4. 对于高精度零件要进行粗车、半精车和精车
工件残余应力 引起的变形	车去大量余量后,破坏了应力平衡,使残余应力重新分布,工件产生变形	1. 工件结构要壁厚均匀、焊缝均匀; 2. 铸、锻、焊接件要进行回火或退火,减少毛坯制造应力,零件淬火时,回火要充分; 3. 除精密零件外,用热校直代替冷校直; 4. 粗车与精车之间要有一定的时间间隔,或粗车后松开再用较小力夹紧,夹紧后再精车; 5. 对于精密零件,粗车后要进行高温时效,半精车加工后要进行低温时效

4. 影响表面粗糙度的因素及修正措施(见表 1-2-4)

表 1-2-4　影响表面粗糙度的因素及修正措施

表面缺陷	影响因素	修正措施
残留面积	车削时,其运动轨迹残留未被切除的面积	1. 减小进给量; 2. 减小主、副偏角; 3. 加大刀尖圆弧半径
鳞刺、毛刺等	积屑瘤	1. 冷却降温; 2. 选择好切削速度和进给量; 3. 注意观察,及时去掉积屑瘤
切削纹变形	工艺系统产生振动	增加刚性,减少振动源
	刀具后刀面摩擦	及时修复后刀面
	崩碎的切屑产生的影响	使排屑顺畅、断屑平稳
其他缺陷	切削刃自身表面粗糙度差	仔细研磨切削刃
	切屑将已加工的表面拉毛	改变排屑方向,及时断屑

5. 产生位置误差的原因及修正措施(见表 1-2-5)

表 1-2-5　产生位置误差的原因及修正措施

装夹方式	产生误差的原因	修正措施
直接装夹,即将工件外锥装入主轴内锥孔中	主轴锥孔与主轴回转中心不同心	提高或修复车床回转中心与主轴内锥同轴度
	工件外锥与主轴内锥配合不好	配车工件外锥,增加接触面积

续表

装夹方式	产生误差的原因	修正措施
装夹找正,即在通用夹具上装夹	通用夹具本身与主轴轴线的位置误差	在车床上修正通用夹具定位面与主轴轴线的位置误差
	找正方法不完善,选择或使用量具不当	选择工件的正确位置,精心找正,合理选用量具
	工人操作水平低	提高工人操作水平
	工件定位基准质量差	提高工件定位面精度
夹具装夹,即使用专用夹具	工件定位基准与设计基准位置误差大	工件定位基准与设计基准应尽量重合或提高二者的位置精度
	夹具定位面与主轴回转轴线的位置误差大	提高工件定位面质量
	夹具制造、安装精度低	提高夹具制造精度,精心安装,认真调试,修正夹具定位面与主轴回转轴线的位置误差
	夹具刚性低	改进设计,提高夹具的刚性与平衡度
	车削时旋转不平衡	及时校正平衡
	工件定位面精度低	提高定位面精度

三、设备准备

1. 材料准备

备测工件若干。

2. 工具、量具、辅具准备

(1)量具:游标卡尺(0.02 mm/0 ～ 200 mm),游标深度卡尺(0.02 mm/0 ～ 200 mm),外径千分尺(0.01 mm/0 ～ 25 mm、0.01 mm/25 ～ 50 mm、0.01 mm/50 ～ 75 mm、0.01 mm/75 ～ 100 mm、0.01 mm/100 ～ 125 mm、 0.01 mm/125 ～ 150 mm、 0.01 mm/150 ～ 175 mm),内 径 指 示 表(ϕ 18 ～ 35 mm、ϕ 35 ～ 50 mm、ϕ 40 ～ 160 mm),量针(ϕ 2.59 mm)三根,公法线千分尺,螺纹千分尺,牙型角样板,游标万能角度尺(0° ～ 320°),螺纹环规(M24×2)、螺纹塞规(M24×2),塞规($\phi 5_0^{+0.02}$ mm),指针式百分表,杠杆百分表,磁性表座,刀口直尺,直角尺,塞尺标,准量块(46 块),水平仪(200 mm×200 mm),标准粗糙度样块。

(2)工具、辅具:平板,红丹粉,顶尖。

【任务实施】

一、实训步骤

(1)对工件进行精度检验。

(2)对工件进行质量分析。

二、常见加工误差及解决方案

1. 外圆加工的质量分析

数控车床在外圆加工过程中会遇到各种各样的加工和质量上的问题。表 1-2-6 对较常出现的问题、产生的原因、预防和消除方法进行了分析。

表 1-2-6 外圆加工的质量分析

问题现象	产生的原因	预防和消除方法
工件外圆尺寸超差	1. 刀具数据不准确; 2. 切削用量选择不当产生让刀; 3. 程序错误; 4. 工件尺寸计算错误	1. 调整或重新设定刀具数据; 2. 合理选择切削用量; 3. 检查修改加工程序; 4. 正确计算
外圆表面粗糙度太差	1. 切削速度过低; 2. 刀具中心过高; 3. 切屑控制较差; 4. 刀尖产生积屑瘤; 5. 切削液选用不合理	1. 调高主轴转速; 2. 调整刀具中心高度; 3. 选择合理的进刀方式及背吃刀量; 4. 选择合适的切速范围; 5. 选择合理的切削液并充分浇注
台阶处不清根或呈圆角	1. 程序错误; 2. 刀具选择错误; 3. 刀具损坏	1. 检查修改加工程序; 2. 正确选择加工刀具; 3. 更换刀片
加工过程中出现扎刀引起工件报废	1. 进给量过大; 2. 切屑阻塞; 3. 工件安装不合理; 4. 刀具角度选择不合理	1. 降低进给速度; 2. 采用断、退屑方式切入; 3. 检查工件安装,增加安装刚性; 4. 正确选择刀具
台阶端面出现倾斜	1. 程序错误; 2. 刀具安装不正确	1. 检查修改加工程序; 2. 正确安装刀具
工件圆度超差	1. 机床主轴间隙过大; 2. 程序错误; 3. 工件安装不合理	1. 调整机床主轴间隙; 2. 检查修改加工程序; 3. 检查工件安装,增加安装刚性
产生椭圆或棱圆	1. 车床主轴间隙大; 2. 余量不均匀,背吃刀量变化大; 3. 回转顶尖与中心孔接触不良或回转顶尖产生扭动; 4. 夹具旋转不平衡	1. 调整或更换轴承,使主轴间隙恢复正常; 2. 半精车后再精车; 3. 修正中心孔或配磨回转顶尖60°,使其接触良好,顶紧力要适当; 4. 配平衡块并认真调整
产生锥度	1. 后顶尖中心线与主轴轴线不重合,前后顶尖不对中、不等高; 2. 车床导轨与主轴轴线不平行; 3. 工件悬臂较长,切削力使前端退让; 4. 刀具逐渐磨损	1. 校正主轴箱或尾座,纠正偏移; 2. 检验并修正主轴与导轨的平行度误差,使其符合要求; 3. 减少工件悬伸长度或用后顶尖支承; 4. 选用硬度高、耐磨性强的刀具,并适当降低切削速度
产生弯曲	工件装夹刚度不够或后顶尖顶得过紧	1. 加工长轴时,注意散热与冷却,适当放松后顶尖顶力或用弹性活顶尖,以适应热胀,加大主偏角,减小径向力; 2. 使用辅助支承; 3. 适当加大前角,减小切削力
	工件内部应力大	1. 适当进行消除应力处理; 2. 粗车时适当增加掉头次数; 3. 半精车、精车前校验弯曲程度

2. 端面加工的质量分析

端面加工是零件加工中必不可缺的工序,而且直接或间接地影响到工件的整体尺寸精度,因此有必要对加工中出现的加工和质量问题、产生的原因、预防和消除方法做简要介绍,见表 1-2-7。

表 1-2-7 端面加工的质量分析

问题现象	产生的原因	预防和消除方法
端面加工时 长度尺寸超差	1. 刀具数据不准确; 2. 尺寸计算错误; 3. 程序错误	1. 调整或重新设定刀具数据; 2. 正确进行尺寸计算; 3. 检查修改加工程序
端面粗糙度太差	1. 切削速度过低; 2. 刀具中心过高; 3. 切屑控制较差; 4. 刀尖产生积屑瘤; 5. 切削液选用不合理	1. 调高主轴转速; 2. 调整刀具中心高度; 3. 选择合理的进刀方式及背吃刀量; 4. 选择合适的切速范围; 5. 选择合理的切削液并充分浇注
端面中心处有凸台	1. 程序错误; 2. 刀具中心过低; 3. 刀具损坏	1. 检查修改加工程序; 2. 调整刀具中心高度; 3. 更换刀片
加工过程中 出现扎刀引起工件报废	1. 进给量过大; 2. 刀具角度选择不合理	1. 降低进给速度; 2. 正确选择刀具
工件端面凹凸不平	1. 机床主轴间隙过大; 2. 程序错误; 3. 切削用量选择不当	1. 调整机床主轴间隙; 2. 检查修改加工程序; 3. 合理选择切削用量

3. 车削细长轴容易出现的质量问题及解决措施

车削细长轴时,因工件本身的刚性较差,若中心架、跟刀架等辅具调整不当,会使几何形状、表面质量达不到要求,主要有以下几个方面。

1)弯曲

工件长径比大、刚性差,车削时径向切削力和离心力的作用使工件产生热变形伸长及切削应力,毛坯材料本身为变形杆件等多方面的原因,都会造成工件弯曲。

解决的方法:使用中心架、跟刀架,增加工件的刚性;合理选择刀具的几何角度(主要是大前角、大主偏角),减小径向切削力、切削热量的产生;使用弹簧顶尖,减小工件线膨胀带来的不利影响;充分浇注切削液,减少摩擦并迅速带走已产生的热量,对毛坯或工件进行必要的热处理。

若毛坯材料本身或加工中出现弯曲,应及时校直后再继续车削。具体可根据需要选择热锻校直、冷压校直、反击法校直、撬打校直、简便工具校直、淬火校直、抗扭槽校直等适当方法。

2)锥度

工件回转中心与主轴回转中心不同轴和刀具切削过程中的磨损均会导致工件出现锥度。

仔细调整尾座,使工件轴线与车床主轴轴线同轴;选择耐磨性能好的刀具材料,并采用合理的几何角度;改善润滑状况等,将有利于减少锥度的产生。

3)腰鼓形

加工的零件两端尺寸小、中间直径大。其直接原因是工件刚性差,车削中出现让刀,跟刀架的调整、使用不当,未真正起到应有作用。

解决的方法:增大车刀主偏角,保持切削刃锋利,以减小切削中的径向切削分力,避免出现让刀;车削中途随时检查、调整支承爪,保持支承爪圆弧面中心与车床主轴旋转中心重合。

4)中凹形

与腰鼓形相反,工件两端直径大而中间尺寸小,直线度变差。半精车、精车细长轴时,跟刀架一般都支承于工件待加工表面,其外侧支承爪压紧力太大,迫使工件偏向车刀一边,增加了背吃刀量,即出现这种缺陷。将跟刀架支承爪与工件表面的接触状况适当调整,即能使该问题得以解决。

5)竹节形

工件表面直径不等,呈一段大、一段小有规律的变化,或是表面出现等距不平的现象。粗车细长轴或跟刀架支承于已加工表面,其外侧支承爪调整过紧,迫使工件偏向车刀,由于背吃刀量的增加而将直径车小;随着床鞍的移动,支承爪移至工件直径较小的区段时,在径向切削力的影响下,工件恢复原状,由此背吃刀量减小至初定值,工件直径也相应变化,使支承爪的压紧程度又恢复到初始状态,如此不断重复,形成了有规律的竹节。除此以外,回转顶尖的精度不高,溜板间隙较大,也会出现类似现象。区分方法是若竹节在车削一段时间后出现,则是由跟刀架支承过紧所造成的;而过早出现竹节,则是由顶尖或滑板间隙方面的原因所造成的。

选用精度较高的回转顶尖,控制溜板间隙(不应过大);在溜板行进过程中调整跟刀架支承爪,控制好支承爪与工件的接触状况;粗车时接刀均匀,防止跳刀现象,均能避免竹节形缺陷的出现。

加工中若已出现竹节,则必须消除缺陷后再继续车削。办法是松开跟刀架支承爪,使用宽刃车刀以大进给量在竹节形部位车削一两次后,重新调整支承爪进行正常车削。也可以调整支承爪与竹节表面轻轻接触而逐步消除,或退回跟刀架约两个竹节距离,增大 0.5 mm 左右的背吃刀量后再车削、调整,亦能达到消除缺陷的目的。

6)多棱形

工件的径向剖面呈多角形是这种缺陷的特征,它的出现与低频振动有密切关系。工件在圆周方向上的背吃刀量呈周期性变化,例如跟刀架的安装不够牢固,支承爪圆弧面与工件接触不良(过紧、过松或接触面积过小),工件顶尖孔表面粗糙且不圆;工件弯曲过大或是顶尖顶得过紧,工件受热伸长、装夹部分太长等,都可能引起振动而产生多棱形。此外,进给量太小,切削速度太高,背吃刀量太大,也容易因振动而出现多棱形缺陷。

控制毛坯弯曲度在 2 mm 范围内;尾座顶尖顶紧力不宜过大,并随时检查、调整其支顶的松紧程度;降低切削热以减少工件的线膨胀;工艺系统刚性不足时适当减小切削用量,均能有效遏制多棱形的出现。

7)麻花形

支承爪的压力使工件受的扭矩过大,导致工件扭曲而形成。

8)振动波纹

振动波纹与多棱形相类似,但程度不同,可参考多棱形的介绍。若跟刀架侧支承爪压得太紧,将会使外侧支承爪的接触部位发生变化,回转顶尖轴承松动、不圆及原有振纹复映等,都是造成或加剧振动不可忽视的原因。

当振动波纹出现以后,应先进行修整,待振动波纹消除后再作正常进给车削。

4.孔加工时产生误差的原因及修正措施

1)钻孔产生误差的原因及修正措施(见表1-2-8)

表1-2-8 钻孔产生误差的原因及修正措施

误差项目	产生原因	修正措施
钻孔偏斜	1.工件端面不平或与主轴轴线不垂直,未打中心孔; 2.尾座轴线与主轴回转轴线有偏移; 3.初钻时钻头太长,刚性差,进给量过大; 4.钻头顶角不对称; 5.工件内部有偏孔、穿孔、砂眼、夹渣等	1.钻孔前,车平钻孔面,在端面上预钻中心孔; 2.调整尾座,纠正偏移; 3.用短钻头初钻,以中心孔作引导,高速旋转,慢速进给;钻深孔时,换上长钻头,进给一段后,将钻头退出,清理切屑,再继续切削; 4.修磨钻头,用量角器检验; 5.降低转速,减小进给量
钻孔直径过大	1.钻头直径选错; 2.钻头切削刃不对称; 3.钻头未对准工件中心	1.正确选用钻头; 2.正确修磨钻头; 3.检查钻头是否弯曲,钻夹头、钻套等是否合格,安装是否正确,检查调整尾座

2)车孔时产生误差的原因及修正措施(见表1-2-9)

表1-2-9 车孔时产生误差的原因及修正措施

误差项目	产生原因	修正措施
内孔尺寸误差大	1.测量不准; 2.车孔过大,车削余量不足;钻孔偏歪,镗削不能完全纠正; 3.车孔刀安装不好,刀杆与孔壁相碰,迫使车刀扎入工件,把孔车大; 4.精车时工件温度太高,冷却后孔径收缩; 5.出现积屑瘤或刀具磨损,使孔径尺寸变化; 6.浮动车孔刀片自定心不良	1.正确选用和使用量具,测量时工件温度不能过高; 2.留足车削余量,防止钻孔偏歪; 3.正确安装车孔刀,选用合适的刀杆; 4.工件冷却后再精车; 5.适当提高切削速度,及时去掉积屑瘤,刃磨刀具,重新对刀,充足供应切削液; 6.车孔刀片两切削刃的偏角修光刃一定要修磨对称,两切削刃要与工件轴线在同一轴向平面内
内孔有锥度	1.刀具磨损; 2.出现让刀; 3.主轴回转轴线与导轨不平行	1.选用硬质合金刀具; 2.精研切削刃,使切削刃锋利,加强刀杆刚性,减小切削用量; 3.检查、调整车床,恢复导轨与主轴的平行精度
内孔不圆	1.工件硬度不均匀,内孔余量不一致; 2.孔壁较薄,夹紧后产生弹性变形,松开后出现棱圆; 3.主轴间隙过大或轴颈不圆; 4.工件旋转不平衡	1.半精车前增加调质工序,半精车后再精车; 2.改善装夹方法,使夹紧力均匀分布; 3.调整主轴间隙,修复轴颈圆度; 4.及时进行平衡校正

误差项目	产生原因	修正措施
表面质量差	1. 车孔刀刃磨不好,刀尖低于工件中心 2. 进给量过大 3. 车削时振动大	1. 研磨切削刃,精车时,刀尖要略高于中心; 2. 选用合适的进给量; 3. 加强刀杆刚性,降低切削速度,调整车床各部间隙,修正刀具角度和切削用量,减少振动

3)铰孔产生误差的原因及修正措施(见表1-2-10)

表1-2-10 铰孔产生误差的原因及修正措施

误差项目	产生原因	修正措施
孔径超差 孔径扩大	1. 铰刀直径偏大; 2. 转速太高,铰刀径向圆跳动超差; 3. 铰刀中心与工件轴线不重合; 4. 积屑瘤的影响; 5. 铰削余量过大或进给量选用不当	1. 精心测量和挑选铰刀直径或修研至合适尺寸; 2. 降低转速,修磨铰刀刃口; 3. 调整尾座对准工件旋转轴中心线,使用灵活的浮动刀杆; 4. 及时修磨刀刃上的积屑瘤; 5. 选择合适的铰削余量和进给量
孔径缩小	1. 铰刀磨损; 2. 对于钢材工件,当铰削余量小、刃口不锋利时,会产生较大的弹性恢复; 3. 铰刀偏角过小,寿命低	1. 认真测量、挑选铰刀刃直径,使用合格的铰刀; 2. 合理控制铰削余量,保持铰刀刃口锋利; 3. 选用偏角较大的铰刀
产生喇叭口	1. 铰刀夹头位置偏斜; 2. 铰刀偏角大,导向不好; 3. 工件端面不平整,开始铰削易歪斜; 4. 铰削时导套松动	1. 调整夹头位置对准工件孔中心线或用浮动夹头; 2. 选用偏角较小的铰刀; 3. 修正工件端面,或将铰刀对准孔轴线后缓慢进刀; 4. 加固导套与夹具的连接
孔不圆	1. 铰削时工件松动; 2. 铰削时产生振动; 3. 薄壁工件装夹过紧,卸下后变形; 4. 润滑不充分、不均匀	1. 选好工件定位面,重新装夹; 2. 调整各部间隙,防止窜动和振动; 3. 改变装夹方式,夹紧力要均匀分布、大小适度; 4. 供应充足的切削液
轴心线不直	1. 铰削前工件孔不直; 2. 切削刃导向不稳定; 3. 铰削断续孔产生偏移	1. 增加扩孔工序,最好在车削后铰孔; 2. 修磨导向刃,铰刀偏角不要大; 3. 调整切削用量,选用有导柱的铰刀
表面质量不好	1. 铰刀切削刃不锋利或有崩口、毛刺; 2. 余量过大或过小; 3. 积屑瘤的影响; 4. 铰刀出屑槽内积切屑过多; 5. 切削液选用不当	1. 刃磨或更换铰刀; 2. 铰削余量要适中; 3. 去除积屑瘤,刃磨铰刀; 4. 及时清除切屑; 5. 合理选用切削液

4)外排屑深孔钻易出现的故障及其产生原因(见表1-2-11)

表1-2-11 外排屑深孔钻易出现的故障及其产生原因

故障现象	产生原因
排屑不顺利	切削液系统漏液;刀具几何形状不对;切削液太稠;液压泵损坏;液压系统设计不当;进给量过大
切屑的形成不良	几何形状不对;钻头太钝;切削液压力不当;表面线速度太低;工件材质不均匀

故障现象	产生原因
钻头损坏	钻头外刃口磨损过度,进给不正常;切屑排不出;倒锥度不够;机床、工具对准不良;切削液系统损坏;进给量太大或太小;主轴端面窜动太大;刃具材料不好
侧面过度刃磨	切削液压力不恰当;容屑间隙不恰当
刀具寿命低	刃具伸出太长,切削液温度太高,机床、工具对准不良,几何形状不对;切削液压力不恰当;表面线速度太高或进给量太大,切削液不对,硬质合金品种不对;切削液的过滤不好,进给量不合适(冷作硬化的材料)
孔的对准不良	机床、工具对准不良;钻头衬套尺寸超差;进给量太大,引起钻杆弯曲
孔不圆	机床、工具没有对准,刃具几何形状不正确,对薄弱工件夹紧力不均匀
孔的尺寸超差	钻尖的角度或钻尖的位置不对;钻头衬套磨损(喇叭口),进给量太大
表面粗糙度不好	表面线速度太低、耐磨垫条的几何形状不对;切削液压力不恰当;切削液不对;机床、工具对准不良;进给量过大或反常;过滤不好;钻头衬套过大;有振动;工具材料质量不均匀

5)内排屑深孔钻的故障及其产生原因(见表1-2-12)

表1-2-12 内排屑深孔钻的故障及其产生原因

故障现象	产生原因
切屑太小	断屑槽太短或太深;断屑槽半径太小
切屑太大	断屑槽太长或太浅;断屑槽半径太大
不规则的切屑形状	工件材料均匀性差;进给机构有毛病
细条状切屑	断屑槽几何形状有毛病;进给机构有毛病;工件材料均匀性差
切屑焊接	切削液被细末所污染;工件和刃具材料之间的化学亲和力强;切削刃口崩缺;表面线速度太高
钻头损坏	进给太快
硬质合金刀片损坏	刃口太钝;切削液品种不适当;断屑槽太长或太浅;工件材料均匀性差;进给量不正确;切削液污染;工件或刀片及磨损垫条间的化学亲和力强
刃具寿命太短	切削速度太高或太低;进给量过大;硬质合金品种不对;导向垫条磨损过度;导向衬套磨损过度;切削液温度过高,切削液选择不当
表面粗糙(没有过大振动)	对准不正确;断屑槽离中心线太上或太下;刀片或耐磨垫条几何形状不好
表面粗糙(有过大的振动)	对准不正确;工件弯曲
喇叭口孔	衬套尺寸超差或对准不正确

5. 螺纹车削产生误差的原因及修正措施(见表 1-2-13)

表 1-2-13　螺纹车削产生误差的原因及修正措施

误差项目	产生原因	修正措施
尺寸不正确	1. 外螺纹外径车小了,内螺纹底孔车大了; 2. 刀尖磨损或进刀不准造成中径尺寸误差大; 3. 背吃刀量过大或过小	1. 正确计算、车削、测量车削前的螺纹外径与内径; 2. 修磨车刀或改用硬质合金车刀,调整进刀机构,准确进刀; 3. 调整背吃刀量
螺距不正确或误差大	1. 局部螺距不正确,车床主轴和丝杠轴向窜动大; 2. 螺距误差大的原因是传动链误差大,主要表现在丝杠的制造、安装误差; 3. 伺服系统滞后效应; 4. 加工程序不正确	1. 局部螺距不正确的修正措施: 调整主轴和丝杠的轴向窜动以及丝杠与螺母的间隙 2. 螺距误差大的修正措施: ①丝杠的制造、安装精度要符合要求; ②采用校正装置,如校正尺、偏心齿轮、行星校正机构、数控校正装置、激光校正装置等 3. 增加螺纹切削升降速段的长度 4. 检查修改加工程序
齿表面粗糙度达不到要求	1. 高速车削螺纹时切屑厚度太小,切屑拉毛已加工的表面; 2. 产生积屑瘤; 3. 刀杆刚度弱,切削时振动	1. 最后一刀切屑厚度常大于 0.1 mm,要使切屑从垂直轴线方向排出; 2. 用高速钢车刀车削时要适当降低切削速度并加注切削液; 3. 缩短刀杆伸长量,适当降低切削速度
扎刀和顶弯工件	1. 工件刚度差而切削用量太大; 2. 车刀安装位置太低	1. 增加工件刚度,根据工件刚度选用切削用量; 2. 使车刀对准工件中心
切削过程出现振动	1. 工件装夹不正确; 2. 刀具安装不正确; 3. 切削参数不正确	1. 检查工件安装,增加安装刚性; 2. 调整刀具安装位置; 3. 提高或降低切削速度
螺纹牙顶呈刀口状 	1. 刀具角度选择错误; 2. 螺纹外径尺寸过大; 3. 螺纹切削过深	1. 选择正确的刀具; 2. 检查并选择合适的工件外径尺寸; 3. 减小螺纹背吃刀量
螺纹牙型过平 	1. 刀具中心错误; 2. 螺纹背吃刀量不够; 3. 刀具牙型角度过小; 4. 螺纹外径尺寸过小	1. 选择合适的刀具并调整刀具中心的高度; 2. 计算并增加背吃刀量; 3. 检查并选择合适的工件外径尺寸
螺纹牙型底部圆弧过大 	1. 刀具选择错误; 2. 刀具磨损严重	1. 选择正确的刀具; 2. 重新刃磨或更换刀片
螺纹牙型底部过宽 	1. 刀具选择错误; 2. 刀具磨损严重; 3. 螺纹有乱牙现象	1. 选择正确的刀具; 2. 重新刃磨或更换刀片; 3. 检查加工程序中有无导致乱牙的原因; 4. 检查主轴脉冲编码器是否松动、损坏; 5. 检查 Z 轴丝杠是否有窜动现象

误差项目	产生原因	修正措施
螺纹牙型半角不正确	刀具安装角度不正确	调整刀具安装角度
螺纹表面质量差	1. 切削速度过低； 2. 刀具中心过高； 3. 切削控制较差； 4. 刀尖产生积屑瘤； 5. 切削液选用不合理	1. 调高主轴转速； 2. 调整刀具中心高度； 3. 选择合理的进刀方式及背吃刀量； 4. 选择合适的切削液并充分浇注

6. 车削薄壁工件容易出现的加工误差

车削薄壁工件时，因夹紧力分布不均匀而引起的加工误差见表 1-2-14。可根据表中所列现象采取适当的防范措施，以减少加工误差。

表 1-2-14　薄壁工件的加工误差

装夹方式	加工前形状		加工后形状	
三爪自定心卡盘夹外圆（不加开口环）	车内孔		内孔呈三棱形	
三爪自定心卡盘撑内孔（非扇形软卡爪）	车外圆		外圆呈三棱形	
刚性心轴以内孔和端面定位并压紧端面（过定位）	坯件两端面不平行（车外圆）		内外圆会出现圆度和同轴度误差	
弹簧夹具等夹具，以内孔和端面定位，弹性夹紧	坯件合格但胀力不均匀（车外圆）		外圆呈椭圆且内外圆不同轴	
心轴夹紧	车外圆时，受 F_p 力后弹性变形		外圆呈腰鼓形	
在卡盘上车削薄壁	车端面时，受 F_f 力影响产生弹性变形		端面形成凹心平面	

7. 大模数多头蜗杆强力切削容易出现的质量问题及其分析

1）车削中出现扎刀现象

造成扎刀现象的主要原因是工件夹紧不牢靠而走动,致使切削量陡增。此外,车刀刀杆弹性差、切削用量选择过大、蜗杆车刀纵向前角太大、切削液选用不适当或因车刀切削刃磨钝而出现的加工硬化影响切入等,也可能引起扎刀。一旦发生扎刀,轻则损坏车刀、报废工件,重则对机床造成损害,故应尽力防止。

2）齿形不正确

齿形不正确主要出现在车刀的刃磨和安装中。例如:车刀刀尖角未作修正;车刀刀尖和工件中心不等高;刀尖角平分线未与工件轴线垂直;精车时未根据蜗杆形式按要求正确装刀等。此外,车刀的磨损也会影响齿形的正确性。

3）表面质量差

刀杆刚性不足而产生振动;车刀磨钝或损坏;工件刚性差且切削用量选择不适当;粗加工时借刀量过大而无法修整;精加工阶段余量未留足;切削液选用不当;车削中出现积屑瘤或切屑拉毛蜗杆齿侧面,都将使表面质量下降。

8. 槽加工容易出现的问题及其分析

数控车床槽加工中经常遇到的加工和质量问题有多种,其产生的原因和可以采取的消除和预防措施见表1-2-15。

表 1-2-15　槽加工的质量分析

问题现象	产生原因	预防和消除措施
槽的一侧或两个侧面出现小台阶	刀具数据不准确或程序错误	1. 调整或重新设定刀具数据; 2. 检查修改加工程序
槽底出现倾斜	刀具安装不正确	正确安装刀具
槽的侧面呈现凹凸面	1. 刀具刃磨角度不对称; 2. 刀具安装角度不对称; 3. 刀具两刀尖磨损不对称	1. 更换刀片; 2. 重新刃磨刀具; 3. 正确安装刀具
槽的两个侧面倾斜	刀具磨损	重新刃磨刀具或更换刀片
槽底出现振动现象,留有振纹	1. 工件装夹不正确; 2. 刀具安装不正确; 3. 切削参数不正确; 4. 程序延时时间太长	1. 检查工件安装,增加安装刚性; 2. 调整刀具安装位置; 3. 提高或降低切削速度; 4. 缩短程序延时时间

续表

问题现象	产生原因	预防和消除措施
切槽过程中出现扎刀现象,造成刀具断裂	1. 进给量过大; 2. 切屑阻塞	1. 降低进给速度; 2. 采用断、退屑方式切入
切槽开始及过程中出现较强的振动,表现为工件和刀具出现谐振现象,严重者机床也会一同产生谐振,切削不能继续	1. 工件装夹不正确; 2. 刀具安装不正确; 3. 进给速度过低	1. 检查工件安装,增加安装刚性; 2. 调整刀具安装位置; 3. 提高进给速度

任务三　加工余量和工序尺寸
及其公差的确定

【任务描述】

学习加工余量和工序尺寸及尺寸链的知识,进行加工余量和工序尺寸的计算。

【任务准备】

一、实训目标

1. 知识目标

(1)掌握加工余量和工艺尺寸链的概念。

(2)了解影响加工余量的因素和确定加工余量的方法。

(3)掌握基准重合时工序尺寸及其公差的计算。

(4)掌握基准不重合时工序尺寸及其公差的计算。

2. 技能目标

能够进行加工余量、公差及工序尺寸的计算。

3. 情感目标

培养学员严谨、细致、规范的职业态度。

二、知识准备

(一)加工余量的确定

1. 加工余量的概念

加工余量是指在加工过程中切去金属层的厚度。余量有工序余量和加工总余量之分。工序余量是相邻两工序的工序尺寸之差;加工总余量是毛坯尺寸与零件图的设计尺寸之差,它等于各工序余量之和,即

$$Z_\Sigma = \sum_{i=1}^{n} Z_i$$

式中　Z_Σ——加工总余量；

　　　Z_i——工序余量；

　　　n——工序数量。

由于工序尺寸有误差，实际切除的余量是一个变值，因此工序余量分为基本余量（又称公称余量）、最大工序余量和最小工序余量。

为了便于加工，工序尺寸的公差一般按"入体原则"标注，即被包容面的工序尺寸取上偏差为零，包容面的工序尺寸取下偏差为零，毛坯尺寸的公差一般采取双向对称分布。

中间工序的工序余量与工序尺寸及其公差的关系如图 1-3-1 所示。由图 1-3-1 可知，工序的基本余量、最大工序余量和最小工序余量可按以下公式计算。

对于被包容面（图 1-3-1（a））：

$$Z = L_a - L_b$$
$$Z_{max} = L_{amax} - L_{bmin} = Z + T_b$$

对于包容面（图 1-3-1（b））：

$$Z_{min} = L_{amin} - L_{bmax} = Z - T_a$$
$$Z = L_b - L_a$$
$$Z_{max} = L_{bmax} - L_{amin} = Z + T_b$$
$$Z_{min} = L_{bmin} - L_{amax} = Z - T_a$$

式中　Z——工序余量的基本尺寸；

　　　Z_{max}——最大工序余量；

　　　Z_{min}——最小工序余量；

　　　L_a——上道工序的基本尺寸；

　　　L_b——本道工序的基本尺寸；

　　　T_a——上道工序的尺寸公差；

　　　T_b——本道工序的尺寸公差。

加工余量有单边余量和双边余量之分。平面的加工余量则指单边余量，它等于实际切削的金属层厚度。上述表面的加工余量为非对称的单边加工余量。对于内圆和外圆等回转体表面，在数控车床加工过程中，加工余量一般指双边余量，即以直径方向计算，实际切削的金属层厚度为加工余量的一半，如图 1-3-2 所示。

对于外圆表面：

$$2Z = d_a - d_b$$

对于内圆表面：

$$2Z = d_b - d_a$$

式中　$2Z$——直径上的加工余量；

　　　d_a——上道工序的基本尺寸；

　　　d_b——本道工序的基本尺寸。

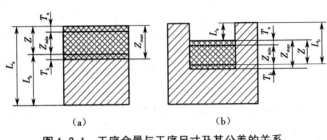

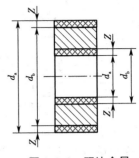

图 1-3-1　工序余量与工序尺寸及其公差的关系　　　　图 1-3-2　双边余量

2. 影响加工余量的因素

加工余量的大小对零件的加工质量和零件制造的经济性有较大的影响。余量过大会浪费原材料及机械加工的工时,增加机床、刀具及能源等的消耗;余量过小则不能消除上道工序留下的各种误差、表面缺陷和本工序的装夹误差,容易造成废品。因此,应根据影响余量大小的因素合理地确定加工余量。影响加工余量大小的因素有以下几种。

1)上道工序的各种表面缺陷和误差

Ⅰ.上道工序表面粗糙度 Ra 和缺陷层 D_a

为了使工件的加工质量逐步提高,一般每道工序都应切到待加工表面以下的正常金属组织,将上道工序留下的表面粗糙度 Ra 和缺陷层 D_a 全部切去,如图 1-3-3 所示。

Ⅱ.上道工序的尺寸公差 T_a

从图 1-3-1 可知,上道工序的尺寸公差 T_a 直接影响本道工序的基本余量,因此本道工序的余量应包含上道工序的尺寸公差 T_a。

Ⅲ.上道工序的形位误差(也称空间误差) ρ_a

当形位公差与尺寸公差之间的关系是包容要求时,尺寸公差控制形位误差,可不计算 ρ_a;但当形位公差与尺寸公差之间是独立要求或最大实体要求时,尺寸公差不控制形位误差,此时加工余量中要包括上道工序的形位误差 ρ_a。图 1-3-4 所示的小轴,其轴线有直线度误差 ω,必须在本道工序中纠正,因而直径方向的加工余量应增加 2ω。

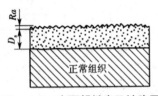

图 1-3-3　表面粗糙度及缺陷层

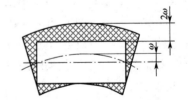

图 1-3-4　轴线弯曲对加工余量的影响

2)本道工序的装夹误差

装夹误差 ε_b 包括定位误差、夹紧误差(夹紧变形)及夹具本身的误差。由于装夹误差的影响,会使工件待加工表面偏离正确位置,所以确定加工余量时还应考虑装夹误差的影响。如图 1-3-5 所示,用三爪自定心卡盘夹持工件外圆磨削内孔时,由于三爪自定心卡盘定心不准,使工件轴线偏离主轴回转轴线 e 值,导致内孔磨削余量不均匀,甚至造成局部表面无加工余量的情况。为保证全部待加工表面有足够的加工余量,孔的直径加工余量应增加 $2e$。

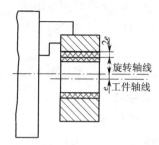

图 1-3-5　装夹误差对加工余量的影响

形位误差 ρ_a 和装夹误差 ε_b 都具有方向性,它们的合成应为矢量和。综上所述,工序余量的组成可用下式来表示。

对单边余量:

$$Z_b=T_a+Ra+D_a+\mid \rho_a+\varepsilon_b \mid$$

对双边余量

$$2Z_b=T_a+2(Ra+D_a)+2\mid \rho_a+\varepsilon_b \mid$$

应用上述公式时,可视具体情况作适当修正。例如,在无心磨床上磨削外圆或用拉刀、浮动铰刀、浮动镗刀加工孔时,都是自为基准,加工余量不受装夹误差 ε_b 和形位误差 ρ_a 中位置误差的影响。此时,加工余量的计算公式可修正为

$$2Z_b=T_a+2(Ra+D_a)+2\rho_a$$

又如,外圆表面的光整加工,若以减小表面粗糙度值为主要目的,如研磨、超精加工等,则加工余量的计算公式为

$$2Z_b=2Ra$$

若还需进一步提高尺寸精度和形状精度,则加工余量的计算公式为

$$2Z_b=T_a+2Ra+2\rho_a$$

3. 确定加工余量的方法

1)经验估算法

此法是凭工艺人员的实践经验估计加工余量。为避免因余量不足而产生废品,所估余量一般偏大,此法仅用于单件小批生产。

2)查表修正法

查表修正法是将工厂生产实践和试验研究积累的有关加工余量的资料制成表格,并汇编成手册。确定加工余量时,可先从手册中查得所需数据,然后再结合工厂的实际情况进行适当修正。这种方法目前应用最广。查表时应注意表中的余量值为基本余量值,对称表面的加工余量是双边余量,非对称表面的加工余量是单边余量。

3)分析计算法

此法是根据上述的加工余量计算公式和一定的试验资料,对影响加工余量的各项因素进行综合分析和计算来确定加工余量的一种方法。用这种方法确定的加工余量比较经济合理,但必须有全面可靠的试验资料。目前,只在材料十分贵重以及军工生产或少数大量生产的工厂中采用此方法。

在确定加工余量时,加工总余量(毛坯余量)和工序余量要分别确定。加工总余量的大小与所选择的毛坯制造精度有关。粗加工工序的加工余量不能用查表修正法确定,而要由加工总余量减去其他各工序余量之和获得。

(二)工序尺寸及其公差的确定

零件上的设计尺寸一般要经过几道机械加工工序的加工才能得到,每道工序所应保证的尺寸叫工序尺寸,与其相应的公差即工序尺寸的公差。工序尺寸及其公差,不仅取决于设计尺寸、加工余量及各工序所能达到的经济精度,而且还与定位基准、工序基准、测量基准、编程坐标系原点的确定及基准的转换有关。所以,计算工序尺寸及其公差时,应根据不同的情况,采用不同的方法。

1. 基准重合时工序尺寸及其公差的计算

当工序基准、测量基准、定位基准或编程原点与设计基准重合时,工序尺寸及其公差直接由各道工序的加工余量和所能达到的精度确定。其计算方法是由最后一道工序开始向前推算,具体步骤如下。

(1)确定毛坯加工总余量和工序余量。

(2)确定工序尺寸公差。最终工序尺寸公差等于零件图上设计尺寸公差,其余工序尺寸公差按经济精度确定。

(3)计算工序基本尺寸。从零件图上的设计尺寸开始向前推算,直至毛坯尺寸。最终工序基本尺寸等于零件图上的基本尺寸,其余工序基本尺寸等于后道工序基本尺寸加上或减去后道工序余量。

(4)标注工序尺寸公差。最后一道工序尺寸公差按零件图上设计尺寸标注,中间工序尺寸公差按"入体原则"标注,毛坯尺寸公差按双向标注。

2. 基准不重合时工序尺寸及其公差的计算

当工序基准、测量基准、定位基准或编程原点与设计基准不重合时,工序尺寸及其公差需要借助于工艺尺寸链的基本知识和计算方法,通过解工艺尺寸链来确定。

1)工艺尺寸链的概述

Ⅰ.工艺尺寸链的定义

在机器装配或零件加工过程中,互相联系且按一定顺序排列的封闭尺寸组合称为尺寸链。其中,由单个零件在加工过程中的各有关工艺尺寸所组成的尺寸链称为工艺尺寸链。

如图 1-3-6(a)所示,尺寸 A_1 及 A_Σ 为设计尺寸,先以底面定位加工上表面,得到尺寸 A_1,当用调整法加工凹槽时,为了使定位稳定可靠并简化夹具,仍然以底面定位,按尺寸 A_2 加工凹槽,于是该零件上在加工时并未直接予以保证的尺寸 A_Σ 就随之确定。这样相互联

系的尺寸 A_1-A_2-A_Σ 就构成一个如图 1-3-6(b)所示的封闭尺寸组合,即工艺尺寸链。

又如图 1-3-7(a)所示,尺寸 A_1 及 A_Σ 为设计尺寸。在加工过程中,因尺寸 A_Σ 不便直接测量,若以面 1 为测量基准,按容易测量的尺寸 A_2 加工,就能间接保证尺寸 A_Σ。这样相互联系的尺寸 A_1-A_2-A_Σ 也同样构成一个如图 1-3-7(b)所示的工艺尺寸链。

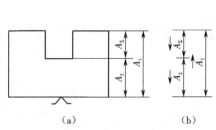 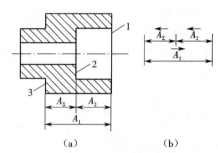

图 1-3-6 定位基准与设计基准不重合的工艺尺寸链   图 1-3-7 测量基准与设计基准不重合的工艺尺寸链

Ⅱ.工艺尺寸链的特征

通过以上分析可知,工艺尺寸链具有以下两个特征。

(1)关联性:任何一个直接保证的尺寸及其精度的变化,必将影响间接保证的尺寸及其精度,如图 1-3-6 和图 1-3-7 中的尺寸 A_1 和 A_2 的变化都将引起尺寸 A_Σ 的变化。

(2)封闭性:尺寸链中各尺寸的排列呈封闭性,如图 1-3-6 和图 1-3-7 中的尺寸 A_1、A_2、A_Σ,首尾相接组成封闭的尺寸组合。

Ⅲ.工艺尺寸链的组成

一般把组成工艺尺寸链的各个尺寸称为环。如图 1-3-6 和图 1-3-7 中的尺寸 A_1、A_2、A_Σ 都是工艺尺寸链的环,它们可分为两种。

Ⅰ)封闭环

工艺尺寸链中间接得到的尺寸称为封闭环。它的基本属性是派生性,随着别的环的变化而变化。如图 1-3-6 和图 1-3-7 中的尺寸 A_Σ 均为封闭环。一个工艺尺寸链中只有一个封闭环。

Ⅱ)组成环

工艺尺寸链中除封闭环以外的其他环称为组成环。根据其对封闭环的影响不同,组成环又可分为增环和减环。

增环是当其他组成环不变,该环增大(或减小),使封闭环随之增大(或减小)的组成环。如图 1-3-6 和图 1-3-7 中的尺寸 A_1 即为增环。

减环是当其他组成环不变,该环增大(或减小),使封闭环随之减小(或增大)的组成环。如图 1-3-6 和图 1-3-7 中的尺寸 A_2 即为减环。

Ⅲ)组成环的判别

可采用下述方法迅速判别增、减环:在工艺尺寸链上,先给封闭环指定任一方向并画出箭头,然后沿此方向环绕尺寸链回路依次给每一组成环画出箭头,凡箭头方向和封闭环相反的则为增环,相同的则为减环。

2)工艺尺寸链计算的基本公式

工艺尺寸链计算的关键是正确确定封闭环,否则计算结果是错的。封闭环的确定取决于加工方法和测量方法。

工艺尺寸链的计算方法有两种:极大极小法和概率法。生产中一般多采用极大极小法,其基本计算公式如下。

Ⅰ.封闭环的基本尺寸

封闭环的基本尺寸 A_Σ 等于所有增环的基本尺寸 A_i 之和减去所有减环的基本尺寸 A_j 之和,即

$$A_\Sigma = \sum_{i=1}^{m} A_i - \sum_{j=m+1}^{n-1} A_j$$

式中　m——增环的环数;

　　　n——包括封闭环在内的总环数。

Ⅱ.封闭环的极限尺寸

封闭环的最大极限尺寸 $A_{\Sigma max}$ 等于所有增环的最大极限尺寸 A_{imax} 之和减去所有减环的最小极限尺寸 A_{jmin} 之和,即

$$A_{\Sigma max} = \sum_{i=1}^{m} A_{i\,max} - \sum_{j=m+1}^{n-1} A_{j\,max}$$

封闭环的最小极限尺寸 $A_{\Sigma min}$ 等于所有增环的最小极限尺寸 A_{imin} 之和减去所有减环的最大极限尺寸 A_{jmax} 之和,即

$$A_{\Sigma min} = \sum_{i=1}^{m} A_{i\,min} - \sum_{j=m+1}^{n-1} A_{j\,max}$$

Ⅲ.封闭环的平均尺寸

封闭环的平均尺寸 $A_{\Sigma av}$ 等于所有增环的平均尺寸 A_{iav} 之和减去所有减环的平均尺寸 A_{jav} 之和,即

$$A_{\Sigma av} = \sum_{i=1}^{m} A_{i\,av} - \sum_{j=m+1}^{n-1} A_{j\,av}$$

Ⅳ.封闭环的上、下偏差

封闭环的上偏差 ESA_Σ 等于所有增环的上偏差 ESA_i 之和减去所有减环的下偏差 EIA_j 之和,即

$$ESA_\Sigma = \sum_{i=1}^{m} ESA_i - \sum_{j=m+1}^{n-1} EIA_j$$

封闭环的下偏差 EIA_Σ 等于所有增环的下偏差 EIA_i 之和减去所有减环的上偏差 ESA_j 之和,即

$$EIA_\Sigma = \sum_{i=1}^{m} EIA_i - \sum_{j=m+1}^{n-1} ESA_j$$

Ⅴ.封闭环的公差

封闭环的公差 TA_Σ 等于所有组成环的公差 TA_i 之和,即

$$TA_\Sigma = \sum_{i=1}^{n-1} TA_i$$

【任务实施】

一、实训步骤

(1)进行基准重合时工序尺寸及其公差的计算,完成任务 1-3-1。

(2)进行基准不重合时工序尺寸及其公差的计算,完成任务 1-3-2。

二、具体任务

任务 1-3-1 某车床主轴箱主轴孔的设计尺寸为 $\phi 100_0^{+0.035}$ mm,表面粗糙度值为 Ra 0.8 μm,毛坯为铸铁件。已知其加工工艺过程为粗镗→半精镗→精镗→浮动镗。用查表修正法或经验估算法确定毛坯总余量和各工序余量,其中粗镗余量由毛坯总余量减去其余工序余量确定,各道工序的基本余量如下:

浮动镗	Z=0.1 mm
精镗	Z=0.5 mm
半精镗	Z=2.4 mm
毛坯	Z=8 mm
粗镗	Z=[8-(2.4+0.5+0.1)]mm=5 mm

按照各工序能达到的经济精度查表确定的各工序尺寸公差分别如下:

精镗	T=0.054 mm
半精镗	T=0.23 mm
粗镗	T=0.46 mm
毛坯	T=2.4 mm

各工序的基本尺寸计算如下:

浮动镗	D=100 mm
精镗	D=(100-0.1)mm=99.9 mm
半精镗	D=(99.9-0.5)mm=99.4 mm
粗镗	D=(99.4-2.4)mm=97 mm
毛坯	D=(97-5)mm=92 mm

按照工艺要求分布公差,最终得到的工序尺寸如下:

毛坯	ϕ 92±1.2 mm
粗镗	$\phi 97_0^{+0.46}$ mm
半精镗	$\phi 99.4_0^{+0.23}$ mm

精镗 $\phi 99.9^{+0.054}_{0}$ mm

浮动镗 $\phi 100^{+0.035}_{0}$ mm

孔加工余量、公差及工序尺寸的分布如图 1-3-8 所示。

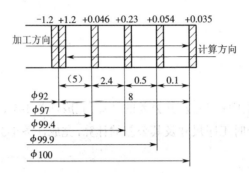

图 1-3-8 孔加工余量、公差及工序尺寸分布图

任务 1-3-2 数控编程原点与设计基准不重合时的工序尺寸计算。

零件在设计时,从保证使用性能角度考虑,尺寸多采用局部分散标注,而在数控编程中,所有点、线、面的尺寸和位置都是以编程原点为基准的。当编程原点与设计基准不重合时,为方便编程,必须将分散标注的设计尺寸换算成以编程原点为基准的工序尺寸。

图 1-3-9(a)为一根阶梯轴简图。图上部的轴向尺寸 Z_1、Z_2、$\cdots$、Z_6 为设计尺寸。编程原点在左端面与中心线的交点上,与尺寸 Z_2、Z_3、Z_4 及 Z_5 的设计基准不重合,编程时须按工序尺寸 Z'_1、Z'_2、$\cdots$、Z'_6 编程。其中,工序尺寸 Z'_1 和 Z'_6 就是设计尺寸 Z_1 和 Z_6,即 $Z'_1 = Z_1 = 20^{0}_{-0.28}$ mm;$Z'_6 = Z_6 = 230^{0}_{-1}$ mm 为直接获得尺寸。其余工序尺寸 Z'_2、Z'_3、Z'_4、Z'_5 可分别利用图 1-3-9(b)、(c)、(d)和(e)所示的工艺尺寸链计算得到。尺寸链中 Z'_2、Z'_3、Z'_4 和 Z'_5 为间接获得尺寸,是封闭环,其余尺寸为组成环。尺寸链的计算过程如下。

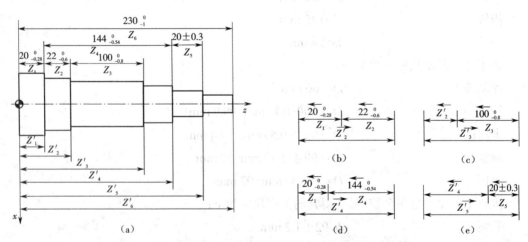

图 1-3-9 编程原点与设计基准不重合时的工序尺寸换算

(1)计算 Z'_2 的工序尺寸及其公差:

$Z_2 = Z_2' - 20$ mm $Z_2' = 42$ mm

$0 = ESZ_2' - (-0.28$ mm$)$ $ESZ_2' = -0.28$ mm

-0.6 mm$= EIZ_2' - 0$ $EIZ_2' = -0.6$ mm

因此,得 Z_2' 的工序尺寸及其公差 $Z_2' = 42_{-0.6}^{-0.28}$ mm。

(2)计算 Z_3' 的工序尺寸及其公差:

100 mm$= Z_3' - Z_2' = Z_3' - 42$ mm $Z_3' = 142$ mm

$0 = ESZ_3' - EIZ_2' = ESZ_3' - (-0.6$ mm$)$ $ESZ_3' = -0.6$ mm

-0.8 mm$= EIZ_3' - ESZ_2' = EIZ_3' - (-0.28$ mm$)$ $EIZ_3' = -1.08$ mm

因此,得 Z_3' 的工序尺寸及其公差 $Z_3' = 142_{-1.08}^{-0.6}$ mm。

(3)计算 Z_4' 的工序尺寸及其公差:

144 mm$= Z_4' - 20$ mm $Z_4' = 164$ mm

$0 = ESZ_4' - (-0.28$ mm$)$ $ESZ_4' = -0.28$ mm

-0.54 mm$= EIZ_4' - 0$ $EIZ_4' = -0.54$ mm

因此,得 Z_4' 的工序尺寸及其公差 $Z_4' = 164_{-0.54}^{-0.28}$ mm。

(4)计算 Z_5' 的工序尺寸及其公差:

20 mm$= Z_5' - Z_4' = Z_5' - 164$ mm $Z_5' = 184$ mm

0.3 mm$= ESZ_5' - EIZ_4' = ESZ_5' - (-0.54$ mm$)$ $ESZ_5' = -0.24$ mm

-0.3 mm$= EIZ_5' - ESZ_4' = EIZ_5' - (-0.28$ mm$)$ $EIZ_5' = -0.58$ mm

因此,得 Z_5' 的工序尺寸及其公差 $Z_5' = 184_{-0.58}^{-0.24}$ mm。

任务四 先进制造系统简介

【任务描述】

学习先进制作系统相关知识,开阔眼界。

【任务准备】

一、实训目标

1. 知识目标

(1)了解计算机直接数控系统。

（2）了解柔性制造单元。

（3）了解柔性制造系统。

（4）了解计算机集成制造系统。

（5）了解数控机床的网络技术。

2.情感目标

培养学员严谨、细致、规范的职业态度。

二、知识准备

（一）计算机直接数控（ Direct Numerical Control , DNC ）系统

计算机直接数控（DNC）系统就是使用一台通用计算机直接控制和管理一群数控机床进行零件加工或装配的系统,也称计算机群控系统。

早期的 DNC 系统,其中的数控机床不再带有自己单独的数控装置,它的插补和控制功能全部由中央计算机来完成。因此,系统中的各台数控机床都不能脱离中央计算机而独立工作。这样,中央计算机的可靠性就显得格外重要。一旦中央计算机出现故障,各台数控机床都将停止运行,故这种方式已被淘汰。

现代的 DNC 系统中,各台数控机床的数控装置全部保留,并与 DNC 系统的中央计算机组成计算机网络,实现分级控制管理,中央计算机并不取代各数控装置的常规工作。

DNC 系统具有计算机集中处理和分级控制的能力,具有现场自动编程和对零件程序进行编辑和修改的能力,使编程与控制相结合,而且零件程序存储容量大。现代的 DNC 系统还具有生产管理、作业调度、工况显示、监控和刀具寿命管理功能。它为柔性制造系统的发展提供了基础。

我国数控机床的网络目前主要存在两种结构:一种是采用单台计算机对应单台机床的方式,这些计算机再通过局域网连接,其结构如图 1-4-1 所示;另一种是采用单台计算机对应多台机床的方式,其结构如图 1-4-2 所示。虽然这两种模式在技术层面上相差悬殊,但采用单对单模式的用户还是相当多的。

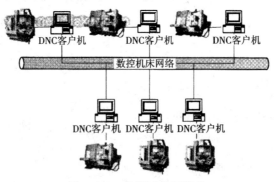

图 1-4-1　单机对单机模式

（二）柔性制造单元（ Flexible Manufacturing Cell , FMC ）

柔性制造单元（FMC）是在制造单元的基础上发展起来的,又具有一定的柔性。所谓柔

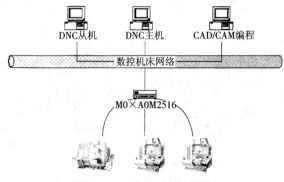

图 1-4-2 单机对多机模式

性,是指能够较容易地适应多品种、小批量的生产功能。FMC 可由一台或少数几台设备组成。FMC 具有独立自动加工的功能,又部分具有自动传送和监控管理功能,可实现某些种类零件的多品种、小批量的加工。有些 FMC 还可实现 24 h 无人运转。由于它的投资较柔性制造系统(FMS)少得多,技术上又容易实现,因而深受用户欢迎。

FMC 可以作为 FMS 中的基本单元,若干个 FMC 可以发展组成 FMS,因而 FMC 可看作企业发展过程中的一个阶段。

FMC 有两大类,一类是数控机床配上机器人,另一类是加工中心配上托盘交换系统。

1. 配有机器人的 FMC

如图 1-4-3 所示,加工中心上的工件,由机器人来装卸,加工完毕的工件与毛坯放在传送带上。

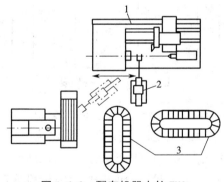

图 1-4-3 配有机器人的 FMC

1—车削中心;2—机器人;3—物料传送装置

2. 配有托盘交换系统的 FMC

如图 1-4-4 所示是由加工中心和托盘交换系统构成的 FMC,托盘上装夹有工件,当工件加工完毕后,托盘转位,加工另一新工件,托盘支承在圆柱环形导轨上,由内侧的环链拖动而回转,链轮由电动机驱动。托盘的选定和停位,由可编程序控制器(PLC)来实现。一般的 FMC 托盘数在 5 个以上。

如果在托盘的另一端设置一个托盘工作站,则这种托盘系统可通过工作站与其他 FMC

发生联系,若干个 FMC 可组成一个 FMS。

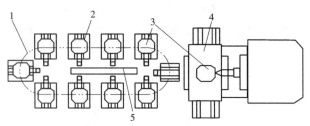

图 1-4-4 配有托盘交换系统的 FMC

1—环形交换工作台;2—托盘座;3—托盘;4—加工中心;5—托盘交换装置

(三)柔性制造系统(Flexible Manufacturing System,FMS)

柔性制造系统(FMS)是一种把自动化加工设备、物流自动化处理和信息流自动处理融为一体的智能化加工系统。目前,使用较多的 FMS 大都是单一零件族内具有柔性的加工系统,如车削 FMS、镗铣 FMS、板材生产 FMS、焊接 FMS 等,具有不同族零件加工能力的 FMS 是机械制造发展的重要方向。

柔性制造系统由三个基本部分组成,如图 1-4-5 所示。

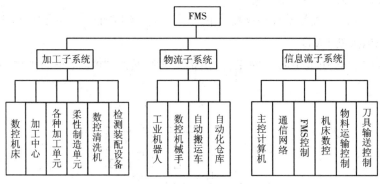

图 1-4-5 FMS 的构成

(四)计算机集成制造系统(Computer Integrated Manufacturing System,CIMS)

计算机集成制造系统(CIMS)是在信息技术、自动化技术、计算机技术及制造技术的基础上,通过计算机及其软件,将制造工厂生产、经营的全部活动(包括市场调研、生产决策、生产计划、生产管理、产品开发、产品设计、加工制造、质量检验及销售经营等)与整个生产过程有关的物料流与信息流实现计算机系统化的管理,把各种分散的自动化系统(也称自动化孤岛,Islands of Automation)有机地集成起来,构成一个优化的完整生产系统,从而获得更高的整体效率,缩短产品开发制造周期,提高产品的质量和生产率以及企业的应变能力,以赢得竞争。

如图 1-4-6 所示是 CIMS 技术集成关系图,它表明了 CIMS 主要是通过计算机信息技术模块,把工程设计、经营管理和加工制造三大自动化子系统集成起来的。

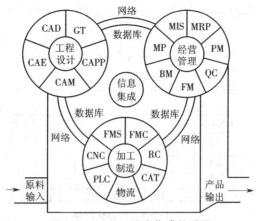

图 1-4-6 CIMS 技术集成关系图

(五)数控机床的网络技术

网络制造在广义上表现为使用网络的企业与企业间可跨地域的协同设计、协同制造、信息共享、远程监控、远程服务以及企业与社会间的供应、销售、服务等内容。在狭义上表现为企业内部的网络化,将企业内部的管理部门(产、供、销、人、财、物等)、设计部门(CAD/CAM/CAPP/CAE 等)、生产部门(生产监测,生产管理,刀具、夹具、量具、材料、设备管理等)在网络、数据库技术支持下进行系统集成。

以通用计算机为基础的开放式的数控系统中安装网络通信以及相配套的软件设施,在国际上已经成为最流行、最实用的一项举措。比如日本的马扎克公司和大畏公司、德国西门子公司、瑞士米克朗公司等著名的公司就是这样做的。在中国,互联网进入制造业的工厂、车间已是大势所趋。

智能化网络提高了 CNC 程序管理的效率,淘汰了穿孔纸带等旧式存储设备。通过 TCP/IP 通信协议进行网络通信的以太网是目前最为普及的网络方式。智能化网络能够为制造商提供整套且数据信息一致的生产方案,使不同的 CNC 控制程序、编程加工位置以及刀具定位点等数据信息得到统一。通过这样的网络通信,数据传递的速度得到极大的提高,比如过去某一个大程序,通过中介传输数据需要几个小时才能完成,而现在只需几秒钟就能完成,如图 1-4-7 所示。瑞士米克朗公司的高速加工机床的数控系统均采用以太网通信,并均配有大硬盘以加大程序的存储量。然而,更为高效的 CNC 网络通信功能远远不止上述的快速传递数据及信息。通过连接调制解调器与通信软件,可以实现 CNC 机床的远程诊断。如此,一个技术人员,即使在机床生产厂家的办公室,也可以通过远程控制对遥远的 CNC 机床进行实时问题诊断,及时作出决定,并直接发出指令进行调整。这一切操作的完成无须该技术人员亲临工作现场。

工业控制系统即企业信息系统的底层一般是现场总线。目前,现场总线标准的特点是通信协议较简单、通信速率较低,如某现场总线 FF 的 HI 传输速率只有 31.25 Kbit/s。随着控制技术的发展,传输的数据日趋复杂,传输的信息量越来越大(甚至是 Web 网页),因此网络传输的高速性越来越重要。作为管理者,总希望得到更多的实时信息,而不是在一段时间后才得到信息的汇总,这样工业以太网就以价廉、高速、方便的特性得到青睐。

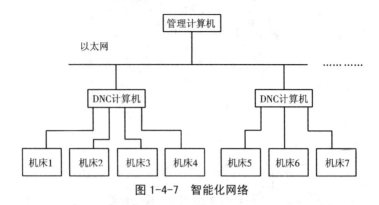

图 1-4-7　智能化网络

作为完整的网络传输协议,必须具备高层控制协议,以太网选择了 TCP/IP 协议。IP 为每个数据包提供独立寻址的能力,但不能保证每个数据包都能正确到达目的地,网络阻塞和传输错误都可能使数据包丢失。而 TCP 可以解决这个问题,它在两站之间建立一条可靠的连接通道,以保证数据流的正确传递。随着互联网技术的发展,以太网已经成为事实上的工业标准,TCP/IP 由于简单实用而深入人心,为广大用户所接受。

采用 TCP/IP 通信协议进行网络通信还有一个基本条件,就是机床数控系统的操作平台最好是 Windows 平台,传统的专用计算机数控系统(即第五代数控系统)要做到这一点是很困难的。四开公司的 SKY2000N 型数控系统的操作平台是建立在 Windows98 和 2000 平台之上的, SKY2003N 型是 Windows XP 平台。真正的制造车间、工厂网络化集成管理系统(图 1-4-8)应包括以下功能。

图 1-4-8　工厂网络化集成管理系统

(1)加工技术文件下载:可包括三维模型、工程图、工艺单、加工单、NC 程序、刀具文件等。

(2)任务调度分配:对生产任务进行分解、调度、安排及下达。

(3)设备、作业监控:实时监测各设备工作状态、加工状态、加工过程、动态运行情况。

（4）作业情况统计：可统计各设备的任务工时进度、数量进度。

（5）汇报报表：可实时上传车间生产动态情况及每日工作报表。

（6）设备管理：包括设备基本状态、操作人员、维修情况等日常管理工作。

项目二 数控加工的生产管理与质量管理

任务一 数控加工的生产管理

【任务描述】

学习数控加工的生产组织与管理知识。

【任务准备】

一、实训目标

1. 知识目标

（1）了解成组技术在数控加工中的应用。

（2）了解车间生产的现场管理。

2. 技能目标

（1）能够协助部门领导进行生产计划、调度及人员的管理。

（2）能够进行加工工艺的改进和编制成组工艺。

3. 情感目标

培养学员严谨、细致、规范的职业态度。

二、知识准备

（一）成组技术在数控加工中的应用

随着传统的单一品种大批量生产方式在制造业中的比重逐步下降，多品种中小批量生产不断增加。在新条件下如何组织生产、提高生产率、降低成本、增加经济效益，成组技术正是解决以上问题的有效途径之一。成组技术（Group Technology，GT）不仅是一种方法，也是自然和社会的一种哲理，并可为制造业所利用。

成组技术（GT）的基础是相似性。相似性是指不同类型、不同层次的系统间存在某些共有的物理、化学、几何、生物学或功能等方面的具体属性或特征。

零件的相似性是制造业应用成组技术的基础。每种零件都具有多种特征,如结构、形状、技术条件、材料、工艺和生产管理等多方面。因此,零件的相似性即为零件间确定其特征的相似性。此外,有些特征之间存在着相关性,如零件的几何形状、结构和材料的相似性与工艺相似性有较密切的联系。

1. 成组工艺的编制方法

对零件进行分类编码时,首先要将零件划分为回转体和非回转体两类。因为这两大类零件结构和工艺有很大区别,从而使编制成组工艺的方法也完全不同,以下分别进行讨论。

1) 用复合零件法编制回转体零件成组工艺

在编制回转体零件成组工艺时,要将不同的零件合在一组内加工,要求做到"机床、工艺装备(包括夹具、刀具和辅助工具)和调整"的三统一。回转体零件的加工主要是内外回转表面的车削,定位、夹紧方式较简单,所用夹具式样少。编制成组工艺的重点是"成组调整"。"成组调整"的要点如下:

(1) 用同一夹具、同一套刀具和辅助工具加工一组零件;

(2) 同一零件组内不同零件加工时,允许更换刀具,但主要依靠尺寸的调节来适应;

(3) 用各种快速调整措施缩短更换零件的调整时间。

图 2-1-1 即为按复合零件法编制成组工艺过程的概念图。

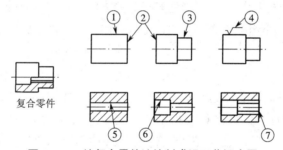

图 2-1-1　按复合零件法编制成组工艺概念图

2) 用复合路线法编制非回转体零件成组工艺

对非回转体零件,为了满足成组工艺的要求,应该做到"机床、夹具和工艺"三统一。由于非回转体零件几何形状不对称、不规则,其安装和定位方式远较回转体零件复杂,因此"夹具的统一"是"三统一"中的关键。同时,不可能将复合零件原理用于非回转体零件。因此,常用复合路线法编制非回转体零件的成组工艺。复合路线法是以同组零件中最复杂的工艺路线为基础,与组内其他零件的工艺路线相比较,将凡组内其他零件所需要而最复杂工艺路线所没有的工序分别添上,最后能形成满足全组零件加工要求的成组工艺过程。

2. 成组生产组织形式

在工厂实施成组技术,必须采用相应的生产组织形式。现有两种成组生产组织,即成组单机和成组生产单元。

1) 成组单机

成组单机是成组生产组织的最简单形式,即在一台机床上实现成组生产。由于生产中存在许多中小尺寸、形状不太复杂及精度要求并不高的相似零件,因此一台机床可以将零件全部加工完毕。特别是车削加工中心和镗铣加工中心在生产中的使用,更加扩大了成组单机的使用范围。由于成组单机在组织生产和管理上简单、方便,因此这是在工厂实施成组技术时优先被推荐的成组生产组织。

2）成组生产单元

由于生产中存在大量多工序加工的零件,因此在车间中,由一组机床和一组生产工人共同完成相关零件组的全部工艺过程的成组生产组织称为成组生产单元,或简称成组单元。因此,成组单机是成组单元的一个特例,成组单元是成组生产的基本组织形式。

（二）车间生产管理

1. 车间生产任务分配方法

1）车间分配工段（小组）生产任务的方法

按对象专业化原则组织起来的工段（小组）,当生产任务与生产能力相适应时,就可以按原有的分工把各工段（小组）分别承担的零部件生产任务直接分配下去。实际工作中,有些零件加工的个别工序还需要别的工段（小组）进行协作,对这种情况,车间应注意组织好这些跨工段（小组）的零部件在有关工段（小组）之间的流转,力求做到在品种、数量、期限和协作工序方面紧密衔接。

2）工段（小组）分配工作地（工人）生产任务的方法

不同类型的工段（小组）,分配工作地（工人）生产任务的方法也不同,通常有以下三种方法。

（1）标准计划法：在大量、大批生产的工段（小组）中,各个工作地的计划可以编制成标准计划指示图表,严格按标准计划的安排进行生产活动。每日不必再编制计划,只需每月对产量任务做适当调整即可。标准计划指示图表就是把工段（小组）所加工的各种制品的投入及出产顺序、期限和数量,制品在各个工作地上加工的次序、期限和数量,各个工作地上加工的不同制品的次序、期限和数量全部制成标准,并固定下来,即标准化了的生产作业计划。

（2）定期计划法：在成批生产的工段（小组）中,每一个工作地和每一个工人要轮番生产多种零部件,轮番执行多种工序,为使各道工序相互衔接、机器设备满负荷,就必须安排零部件工序进度和机器设备负荷进度计划。因编制这种计划的工作量很大,所以在品种多的情况下,只编制某些关键零部件的加工进度和某些关键设备的负荷进度,以保证关键零部件的出产及关键设备的负荷。其他零件则采用日常分配法解决。

（3）日常分配法：该法适用于单件、小批生产的车间。在一些不太稳定的单件、小批生产的工段（小组）里,由于变化因素多,难以事先做长期安排,只能根据生产任务要求和各设备的实际负荷情况,每天给工作地安排生产任务。

2. 生产作业控制

生产作业控制的主要内容包括生产进度控制、在制品占用量控制和生产调度。

1）生产进度控制

生产进度控制包括投入进度控制、出产进度控制和工序进度控制。

（1）投入进度控制：是指控制产品（零部件）开始投入的日期、数量、品种是否符合计划要求以及原材料、毛坯、零部件投入的提前期和设备、人力、技术措施项目投入使用日期的控制等。做好投入进度控制，可避免计划外生产和产品积压，保证在制品正常流动以及投入的均衡性和成套性。

（2）出产进度控制：是指对产品（零部件）的出产日期、出产提前期、出产量、出产均衡性和成套性的控制。

（3）工序进度控制：是指对产品（零部件）在生产过程中经过的每道工序的进度所进行的控制。用于单件和成批生产条件，对加工周期长、工序多的产品（零部件），除控制投入和出产进度外，也必须控制工序进度。

2）在制品占用量控制

在制品占用量控制是对生产过程中各个环节的在制品实物和账目进行控制。大量生产条件下，控制方法采用轮班任务报告单结合生产原始凭证或台账来进行控制。即以工作地每一轮班的实际占用量与规定的在制品定额比较，使在制品流转量和储备量经常保持正常水平。

在成批和单件生产条件下，可采用工票或加工路线单来控制在制品的流转，并通过在制品台账来掌握在制品占用量的变化情况，检查是否符合原定控制标准，发现偏差及时采取措施，通过组织调节使在制品占用量控制在允许范围之内。

3）生产调度

生产作业计划控制和生产调度是密切相关的。生产进度控制和在制品占用量控制也是生产调度的重要内容。生产调度工作的内容还包括：监督生产技术准备工作；合理调配劳动力；控制生产过程中的物质供应；检查生产设备的运转状况及调度厂内运输。做好调度工作应遵循下列原则。

（1）计划性：以生产作业计划为依据，指挥生产。

（2）预见性：对生产中可能出现的问题有一定的预见性，掌握调度工作的主动权，既抓好当前又做好下一步工作。

（3）集中性：建立一个统一的生产调度系统，做到令则行、禁则止。

（4）科学性：调度人员要实事求是，坚持用科学态度抓好调度工作。

（5）及时性：要及时发现问题，及时果断处理问题。

3. 生产班组的技术管理

生产班组的中心任务是在不断地提高技术理论水平和实际操作技能的基础上，以提高经济效益为中心，全面完成工厂、车间和工段的生产任务和各项经济技术指标。

1）管理措施

（1）积极组织和参加技术理论知识和实际操作技能技巧的学习，多提合理化建议，努力开展技术革新活动。

（2）根据车间或工段下达的生产计划，组织好生产，保质保量、均衡全面地完成或超额完成生产任务。

(3)以质量管理为重点,以岗位经济责任制为基础,建立健全各项规章制度。不断提高班组科学管理和民主管理水平。

(4)积极开展"学先进、赶先进和创先进"的竞赛活动,认真搞好劳动竞赛工作。

(5)搞好安全技术教育,维护好设备,做到安全生产和文明生产。

(6)关心职工的健康和生活。

2)劳动纪律

强调劳动纪律是发展生产和提高效益的一种手段。劳动纪律包括以下三方面内容。

(1)工时纪律:要求工人遵守工作时间,减少停工,杜绝迟到、早退和旷工现象。

(2)工艺纪律:要求准确地遵守工艺规程和本工种的生产顺序,遵守材料加工和成品装备方式方法,遵守安全操作规程等各项有关规章制度。

(3)生产纪律:要求把全部工作时间用于生产,不随便离开工作岗位,不从事与生产无关的活动,不妨碍别人的工作。

4."5S"管理活动

1)"5S"活动的含义

"5S"活动是指对生产现场各生产要素(主要是物的要素)所处状态不断地进行整理、整顿、清扫、清洁和提高素养的活动。由于整理、整顿、清扫、清洁和素养这五个词日语中罗马拼音的第一个字母都是"S",所以简称为"5S"。"5S"活动在日本的企业中广泛实行,相当于我国工厂里开展的文明生产活动。

"5S"活动按照文明生产各项活动的内在联系和逐步由浅入深的要求,把各项活动系统化和程序化;"5S"活动总结出在各项活动中,提高队伍素养这项活动是全部活动的核心和精髓,"5S"活动重视人的因素,没有职工队伍素养的相应提高,"5S"活动是难以开展和坚持下去的。

2)"5S"活动的内容和具体要求

Ⅰ.整理(Seiri)

把要与不要的人、事、物分开,再将不需要的人、事、物加以处理,这是开始改善生产现场的第一步。其要点是首先对生产现场现实摆放和停滞的各种物品进行分类,区分什么是现场需要的,什么是现场不需要的;其次,对于现场不需要的物品,诸如用剩的材料、多余的半成品、切下的料头、切屑、垃圾、废品、多余的工具、报废的设备、工人个人生活用品(下班后穿戴的衣帽鞋袜、化妆用品)等,要坚决清理出现场。这样做的目的是:

(1)改善和增大作业面积;

(2)现场无杂物,行道通畅,提高工作效率;

(3)减少磕碰的机会,保障安全,提高质量;

(4)消除管理上的混放、混料等差错事故;

(5)有利于减少库存量,节约资金;

(6)改变作风,提高工作情绪。

这项工作的重点在于坚决把现场不需要的东西清理掉。对于车间里各个工位或设备的前后、通道左右、厂房上下、工具箱内外等，包括车间的各个死角，都要彻底搜寻和清理，达到现场无用之物。坚决做好这一步，是树立好作风的开始。

Ⅱ. 整顿（Seiton）

把需要的人、事、物加以定量、定位。通过上一步整理后，对生产现场需要留下的物品进行科学合理的布置和摆放，以便在最快速的情况下取得所要之物，在最简捷、最有效的规章、制度、流程下完成事务。整顿活动的要点是：

（1）物品摆放要有固定的地点和区域，以便于寻找和消除因混放而造成的差错；

（2）物品摆放地点要科学合理，例如根据物品使用的频率，经常使用的东西放得近些（如放在作业区内），偶尔使用或不常用的东西则应放得远些（如集中放在车间某处）；

（3）物品摆放目视化，使定量装载的物品做到过目知数，不同物品摆放区域采用不同色彩和标记。

生产现场物品的合理摆放有利于提高工作效率，提高产品质量，保障生产安全。对这项工作的研究，我国叫工作地合理布置，现在有所发展，称为"定置管理"。

Ⅲ. 清扫（Seiso）

把工作场所打扫干净，设备异常时马上修理，使之恢复正常。通过清扫活动来清除脏物，创建一个明快、舒畅的工作环境，以保证安全、优质、高效率地工作。清扫活动的要点是：

（1）自己使用的物品，要自己清扫，而不是依赖他人，不增加专门的清扫工；

（2）对设备的清扫，着眼于对设备的维护保养，清扫设备与设备的点检结合起来，清扫即点检，清扫设备要同时做设备的润滑工作，清扫也是保养；

（3）清扫也是为了改善，当清扫地面发现有飞屑和油水泄漏时，要查明原因并采取措施加以改进。

Ⅳ. 清洁（Seiketsu）

整理、整顿、清扫之后要认真维护，保持完美和最佳状态。清洁，不是单纯从字面上来理解，而是对前三项活动的坚持与深入，从而消除发生安全事故的根源，创造一个良好的工作环境，使职工能愉快地工作。清洁活动的要点是：

（1）车间环境不仅要整齐，而且要做到清洁卫生，保证工人身体健康，增加工人劳动热情；

（2）不仅物品要清洁，整个工作环境也要清洁，进一步消除混浊空气、粉尘、噪声和污染源；

（3）不仅物品、环境要清洁，而且工人本身也要做到清洁，如工作服要清洁，仪表要整洁，要及时理发、刮须、修指甲、洗澡等；

（4）工人不仅要做到形体上的清洁，也要做到精神上的"清洁"，待人要讲礼貌，要尊重别人。

Ⅴ. 素养（Shitsuke）

养成良好的工作习惯，遵守纪律。素养即教养，努力提高人员的素质，养成严格遵守规章制度的习惯和作风，这是"5S"活动的核心。没有人员素质的提高，各项活动就不能顺利开展,开展了也坚持不了。所以,抓"5S"活动,要始终着眼于提高人的素质。"5S"活动始于素质,也终于素质。

在开展"5S"活动中,要贯彻自我管理的原则。创造良好的工作环境,是不能单靠添置设备来改善的,也不要指望别人来代为办理,而让现场人员坐享其成。应当充分依靠现场人员,由现场的当事人员自己动手为自己创建一个整齐、清洁、方便、安全的工作环境。

由上可见,"5S"活动是把工厂里的文明生产各项活动系统化了,进入了一个更高阶段。

3)"5S"活动的组织管理

实践表明,"5S"活动开展起来比较容易,可以搞得轰轰烈烈,在短时间内取得明显的效果。但要坚持下去,持之以恒,不断优化,就不太容易了。不少企业发生过一紧、二松、三垮台、四重来和"回生"现象。因此,开展"5S"活动,必须领导重视,加强组织和管理。

Ⅰ.将"5S"活动纳入岗位责任制

每一部门、每一人员都有明确的岗位责任和工作标准。以一个机加工车间的清扫工作为例。

Ⅰ)每日清扫

清扫时间:每班下班前 30 min。

清扫人员分工:操作者负责机床上下及班组管理区域的清扫,清扫工负责车间主干道及次干道的清扫及现场铁屑的清除。

清扫内容:见表 2-1-1。

表 2-1-1 每日清扫内容

项目 人员	地面	机床	刀检工具	工位刀具	铁屑
操作人员	清扫自己活动区地面	按设备日清扫标准执行	处理无用刀具,定位放好使用过的工、检、刀、夹具	小车按规定放好	将工作区的铁屑清扫入铁屑箱
清扫人员	清扫各行走干道	—	把清扫工具放在自己的休息室	运铁屑车辆放置在固定位置	将铁屑箱内铁屑清除干净
辅助人员	保证车间地面清洁	—	使用的工具不随意放在现场	—	—

Ⅱ)周末清扫

清扫时间:周末白班下班前 1 h。

清扫人员分工:同每日清扫。

清扫内容:见表 2-1-2。

表 2-1-2　周末清扫内容

项目＼人员	地面	机床	刀检工具	工位器材具	铁屑
操作人员	清洗自己活动区地面	按照设备周清扫标准执行	做日清扫事项,擦洗管理点架,整理工具箱内部	擦洗小车滑道等,包括脚踏板并定置放好	彻底清除设备周围铁屑
清扫人员	清洗各主干道	—	同"日清扫"	同"日清扫"	同"日清扫"
辅助人员	清查现场有无自己负责的无用品,如有则清除	配合操作者,帮助指导设备保养	同"日清扫"	—	—

Ⅱ.严格执行检查、评比和考核的制度

认真、严格地搞好检查、评比和考核,是使"5S"活动坚持下去并得到不断改进的重要保证。检查和考评的方式方法可以多种多样,根据各单位的实际情况和条件来决定,不求一个模式。

日常性的检查评比,通常是在车间内部进行,有班组的兼职工人管理员参加,而且同开展竞赛和岗位责任制检查结合起来。

Ⅲ.坚持 PDCA 循环,不断提高现场的"5S"活动水平

"5S"活动的目的是不断地改善现场,而"5S"活动的坚持也不可能总在同一水平上徘徊,而是要通过检查,不断发现问题、解决问题,在不断提高中去坚持。因此,在检查考核后,还须针对问题点,提出改进措施和计划。表 2-1-3 是一种"5S"问题的改进计划表格。

表 2-1-3　"5S"问题改进计划表

序号	改进项目	负责者		日　期							
		部门(或车间)	负责人	1	2	3	4	5	……	30	31

厂部、科室、车间、班组等各级都应制订各自的"5S"改进计划。通过 PDCA 循环,使"5S"活动得到坚持和不断提高。

5.准时化生产

1)什么是准时化

准时化的英文全称为 Just In Time,简称 JIT。丰田的准时化是在必要的时候,生产必要数量的必要产品。

Ⅰ)准时化的目标

(1)总体目标:增加全公司整体性利润。

(2)基本目标:降低全公司整体性成本。

(3)子目标:数量目标(准时生产)。

(4)质量目标(确保质量)。

(5)尊重人性目标(尊重人性)。

Ⅱ)准时化的本质

灵活地适应市场需求变化,能从经济性和适应性两个方面来保证公司整体利润不断提高。

2)准时化生产的前提——均衡化生产

丰田公司的均衡化生产包括三个内容,即数量均衡、品种均衡、混合装配。

Ⅰ.产品数量均衡

产品数量均衡要保证生产线上的产品产量基本恒定。丰田公司产品产量的均衡化是通过月产量计划和日产量计划来实现的。根据月生产计划和每月的实际工作天数,确定每日的平均日产量。实际上,丰田的生产数量已均衡到了以秒计算。

平均日产量 = 月产量计划数 / 月实际工作天数

Ⅱ.产品品种均衡

产品品种均衡要在单位时间里尽可能生产出多种产品。丰田公司要求,必须根据市场的实际需求和产品平均日产量均衡化的限定,确定每种车型的每天平均产量。

Ⅲ.混合装配

混合装配是总装配线混合装配日生产计划所确定的各种产品。丰田公司的总装车间采用这种混合装配方式,能够在同一单位时间内生产出多种产品,从而尽量满足市场的多样需求。

均衡生产可使上序工作负荷平稳、工作量均衡,使本道工序劳动力支出平稳,使后道工序均衡产出产品,以实现准时化的要求。

3)拉动式系统

准时化生产将所有的生产活动与实际需求紧密联系起来,系统中的每项工作都是为了满足确实的订单要求,这是因为它是一个拉动式系统(也称牵引式系统)。

与此相对应的是推进式系统,制造商生产产品并为这些产品寻找买主,工厂源源不断地生产出产品却不顾面对的消费群的需求,工件一批一批地生产出来向前推进,完全不顾后续流程的步调。图 2-1-2 所示为推进式系统与拉动式系统的比较。

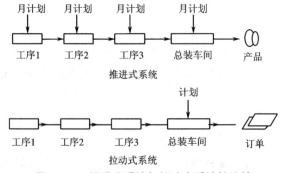

图 2-1-2 推进式系统与拉动式系统的比较

在丰田公司,生产计划只下达给总装配线,总装配线根据计划需要,分别向前方工序领取装配必需的零部件,前方各工序只生产被领走的那部分零部件。真正实现在必要的时间生产必要数量的必要产品。这种生产系统逆着生产流程,一步一步上溯到原材料供应部门。这种倒过来的拉动式生产组织控制方式,改变了传统生产过程中的物料传送方式,即把"送料制"变为"取料制"。这样,从根本上有效地制止了盲目过量生产,大幅度减少了生产过程中的在制品量,提高了生产率和生产系统的柔性,为企业增强市场竞争力奠定了基础。

记住!要拉动,不要推动!

4)关于"一个流"生产

丰田生产方式的"一个流"生产,是指零件在生产顺序上应该做到每次只通过一件,也叫"一次一件"的生产。这是一种单一顺畅的安排工作的方法,它的含义如下。

(1)在每个工序内合理安排工作,使物流从每一步进行到下一步都很平稳。

(2)正确地布置设备(如流水线型或U形等),以便工作直接从一个工序进行到下一个工序,而没有任何阻滞导致积压。

(3)设计好生产流程的逻辑关系,以使物品从原材料工厂通过机加工工厂到组装工厂再到分销商直到消费者,进行得十分平稳。

但是,"一次一件"的生产,对于某些工作是不现实的。比如在锻造、铸造、冲压和成型中,要更换冲模、铸模或其他工具来制造不同的东西。在这些工作中,需要仿效"一次一件"生产,但是不能照搬"一次一件"生产。

在批量工序中,仿效"一次一件"生产的第一步,使用最可能小的批量。由于更换冲模或铸模需要耗费时间,通常习惯在批量工序中保持大批量,然而大的批量会在各工序有大量的在制品积压。仿效"一次一件"生产,可以搞"一次一箱"等,以使生产有序。

尽可能使批量减小。减小批量要逐渐进行,同时进行其他工作的改善。可以采用小批量的方法来减少库存和提高柔性,如果零件A和B各需要量为1 000件,可以按每500件一批共4批的批量来生产,而不是1 000件一批共2批。有一点很重要:必须设法减少更换冲模和其他工具的时间。

把更换冲模和其他工具的时间统称为设备整备时间,表2-1-4为缩短整备时间使生产批量减小的例子。

表 2-1-4　缩短整备时间举例

内容	原来	改善后
设备整备时间	120 min	20 min
单件生产时间	1 min	1 min
批次	1 批	120/20=6 批
批量	3 000 件	3 000/6=500 件
总生产时间	52 h	52 h

由此可知,同是3 000件零件,整备时间用120 min时,一批完成,大批量;而整备时间缩

短为 20 min 时,3 000 件分为 6 批完成,生产批量也由 3 000 件减少为 500 件。

6. 看板管理

1)概念

准时化是在必要的时候生产必要数量的必要产品,看板是实现准时化的工具。

什么是必要的时候?丰田人认为见到客户订单的时候就是必要的时候,订单即为生产计划,生产计划只下达给最后一道工序,而生产系统是靠拉动式由后往前拉,即由后序拉动前序。那么怎么实现这一拉呢?需要一个重要的工具和手段——看板来实现。

使用看板是为了使生产过程中所有工序都能知道各种零部件的准确生产时间和确切数量,看板是在工序之间传递作业指令和信息的工具,利用看板进行生产管理及作业控制的方法,就是"看板管理"。看板管理不等同于准时化生产,准时化生产是一种生产组织方式,而看板管理则是生产控制与调节方式,看板管理是准时化生产的外在表现形式。

2)看板的功能与种类

Ⅰ.看板是什么

看板是一种自动指示器,可以自动地发出"生产什么""何时生产""生产多少""何时取料""何处存放"等指令信息。具体而言,看板可以是被放在透明塑料袋中的纸卡片、金属板、彩色垫圈或彩色小球等。看板形状可以是矩形、三角形、球形等。在一般看板上,标有工厂名称、零部件名称、零部件编码代号、零部件数量、容器种类、上下道工序名称、存放处等。

Ⅱ.看板的功能

(1)发出作业指令。自动地发出符合生产现场情况的作业指令(如生产指令、取料指令等);防止现场作业人员生产出多余的零部件及产品;随时明确作业规则与标准。

(2)调节控制生产进度。生产现场只有看板作为唯一的作业指令在工序之间传递,而且每张看板均代表一定数量的零部件制品。现场作业人员只有接到看板时方可开始作业,没有接到看板时不得随意作业。这样,通过调节控制看板的发出频率和发出量,生产管理人员就能简便而有效地控制生产进度、调节物料流量。

Ⅲ.看板的种类

经常使用的看板有两种,即"取料看板"和"生产看板",还有两种"信号看板"及非常方便的几种特殊看板。

Ⅰ)取料看板

取料看板表示后道工序应该向前道工序领取的零部件种类和数量等信息。图 2-1-3 所示为取料看板示意图,显示如下信息:生产该零件的前道工序是锻造工序,后道工序是机加工工序,零件名称是"传动小齿轮",其毛坯存放在锻造部的 B—2 位置处,零件箱是 B 型箱,每箱之中装放 20 个零件,这张看板是对应该种零件所发出的共 8 张看板中的第 4 张,等等。

Ⅱ)生产看板

生产看板表示前道工序必须生产或订购的零部件种类和数量等信息。图 2-1-4 所示为生产看板示意图,显示如下信息:零件名称是曲轴,机加工工序是 SB—8,加工完的曲轴应放置在编码为 F26—18 的存放处,等等。

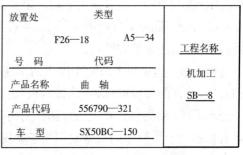

放置处		类制	
5E215		A2—15	
号 　码		代码	
产品名称	传动小齿轮		
产品代码	35670507		
车 　型	SX50BC		

容量	容器	发行代码
20	B	4/8

前段工程
锻造
B—2
后段工程
机加工
M—6

图 2-1-3　取料看板示意图

放置处		类型	
F26—18		A5—34	
号 　码		代码	
产品名称	曲　轴		
产品代码	556790—321		
车 　型	SX50BC—150		

工程名称
机加工
SB—8

图 2-1-4　生产看板示意图

Ⅲ)信号看板

信号看板顾名思义是传递某种信号。信号看板有两种,一种是"三角看板",另一种是"请求材料看板"。这两种看板常被用在批量生产的工序中。在这类工序中,同一批量的零件往往要分装在几个箱内,信号看板就附着在该批零件的某一箱上,当后道工序领取物料行进到信号看板所在位置时,前道工序必须开始必要的作业。图 2-1-5 所示为信号看板示意图。

请求材料看板

前段工程	存储处25	⇨	冲压10	后段工程
品 　名	钢　板	代 　码	MA-36	
规 　格	400×50×3	容器代码	5	
批 　量	500	容 　量	100	

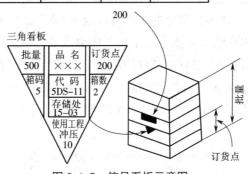

图 2-1-5　信号看板示意图

图中,三角看板挂在五箱(同一批量)零件的第四箱上。它指示第 10 号冲压工序当后道道工序领取该零件至第四箱时,开始生产定额 500 件(另一批量)的该零件。换言之,该零件的"订货点"(即最低在制品量)是 2 箱零件,或是 200 个零件。

图中,第三箱零件所附着的长方形看板就是"请求材料看板"。它指示第 10 号冲压工序当后道工序开始领取第三箱该零件时,必须前往第 25 号物料存放处,领取 500 件(同一批量)的材料。换言之,该材料的"订货点"是 3 箱零件,或是 300 个零件。

由此可知,信号看板中的"三角看板"相当于普通的"生产看板",它发出的是生产指令;而信号看板中的"请求材料看板"相当于普通的"取料看板",它发出的是取料指令。

Ⅳ)特殊看板

特快看板:是在零部件不足时发出的。作用与取料看板及生产看板相同,但仅限于在异常情况出现时才发出,而且使用之后一定要立刻收回。

紧急看板:是为了应付不合格品、设备故障、额外增产等而需要一些库存时,暂时发出的,而且使用后一定要立即收回。

连接看板:如果两个或两个以上的工序紧密连接,则没有必要交换看板,可使用一张共用的看板,这样的看板被称为"连接看板"。

台车看板:如果体积较大的零部件用装载数量一定的台车装运的话,那么台车本身就扮演着看板的角色。台车的数量就相当于看板的数量,一辆台车就代表一定数量的零件,空台车就是发给前道工序的作业指令。

供应商看板:当零部件被取用后,来自供应商的零件箱便空了,然后在固定的时间由专人将空箱及供应商看板运送到有关协作厂,并换取装满了零部件的箱子。当协作厂收到供应商看板之后,便会按照看板上的信息组织生产和供货。

3)看板管理与使用

所谓看板管理,就是用看板进行生产现场管理和作业控制的方法。看板管理有两种方式,即单看板方式和双看板方式。

Ⅰ.单看板方式

单看板方式是仅使用一种看板控制生产过程的方式,图 2-1-6 表示了单看板方式的基本原理。

(1)总装线 C 接到生产指令后,立即到前道工序 B 领取存放着的必要零部件,在取走某零部件的同时,把附着在该零件箱上的生产看板取下,放在工序 B 的看板收集箱内。

(2)看板收集箱内的这张看板就自动地向工序 B 发出了生产指令,工序 B 的作业人员生产完毕,再把生产看板附着在装好零部件的箱子上,并把它们放在指定的在制品存放处。

(3)当工序 B 的作业人员进行生产的时候,也要到前道工序 A 领取所需的零部件,也会把附着在零件箱上的看板取下并放入工序 A 的看板收集箱中,向工序 A 发出生产指令。

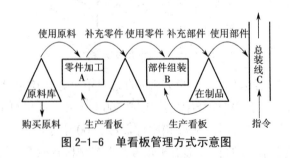

图 2-1-6 单看板管理方式示意图

Ⅱ.双看板方式

双看板方式在丰田公司普遍采用。它是同时使用"生产看板"和"取料看板"来控制生产过程。双看板管理的运作原理如图 2-1-7 所示。

(1)当总装线 C 接到生产指令时,作业人员便开始使用本工序存放的零部件进行生产。

同时,作业人员把挂在零部件箱上的取料看板取下并放入看板收集箱内。

(2)运料员看到收集箱内的看板后,就如同接到了取料指令。于是,他带着这张取料看板和一只空箱到前道工序 B 领取零部件。

(3)运料员领取到零部件后,将挂在其上的生产看板取下并放入工序 B 的生产看板收集箱内,将随身带来的取料看板挂在领取到的零部件箱上,并把带来的空箱子放在指定处,最后将领取到的零部件和取料看板一同送回总装线,放在看板指定的物品存放处。

(4)工序 B 的作业人员看到生产看板后立即加工必要数量的必要零部件。

(5)加工完毕,将生产看板挂在刚加工出来的零部件箱子上,送往看板指定的物品存放处。

(6)同理,工序 A 的循环运作与工序 B 相同。

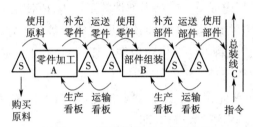

图 2-1-7 双看板管理方式示意图

S—原料在制品

III. 看板的使用要领

I)制订看板流程

这是看板使用时的具体操作过程,看板流程中要有各环节人员的操作方法,并附加岗位注意事项和责任。每一部分的同种看板都要制订这样的流程,慢慢熟悉以至熟练,并在运行中逐渐修改和完善。如图 2-1-8 所示为某汽车制造厂仓库至总装配线各工位之间使用的看板流程情况(仅供参考)。

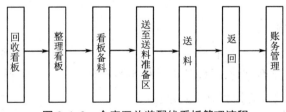

图 2-1-8 仓库至总装配线看板管理流程

II)确定合理的看板投放数

生产系统中看板数量的多少,会对生产系统本身的性能产生影响。过多的看板会导致大量的在制品积压;看板数量不足会造成零部件供应中断。为此,应合理地确定生产系统中的看板数量。

i. 定时不定量供料的看板数

一般来说,工序与外部联系所用的看板,采用定时不定量的方法,即领取物料的时间固定,而领取物料的数量则根据生产的实际需要确定。如工序与工序之间、工序与供应商之间

等。这种方法应先确定取料周期。而取料周期是依据每月生产计划或供应商与制造商之间的契约来确定的,也可用下式计算:

取料周期 = 期待需求量的经济批量 / 每日平均需求量

实际上,取料周期就是后道工序向前道工序每次发出看板的时间间隔。

看板投放数的计算公式为

看板数 = 每日平均需求量 ×(取料周期 + 生产前置期 + 安全期)/ 每箱零件数

这种方式的每次领取量是由取料周期内取料看板收集箱中汇集的取料看板数来决定的。

ii. 定量不定时供料的看板数

一般对内而言,如车间内或单一产品零部件的工厂内,所使用的看板采用定量不定时的方法来领取物料。这种方法是后道工序每次领取物料的数量一定,而领取物料的时间则根据生产的实际需要确定。这种方法可以实现在必要的时候,生产必要数量的必要零部件和定量生产必要数量的必要零部件。

采用这种方法时,应首先确定加工批量。但是,丰田工厂的加工批量不是用"经济批量",而是由每日的设备换程次数来确定,即

加工批量 = 每日零件需求量 / 每日设备换程次数

这样,当加工批量较大时,可用下式计算看板数:

看板数 =[加工批量 +(每日平均需求量 × 生产前置期)×(1+ 保险系数)]/ 每箱零件数

如果,加工批量较小时,看板数的计算可简化为

看板数 =(每日平均需求量 × 生产前置期)×(1+ 保险系数)/ 每箱零件数

其中:生产前置期是加工时间、等候时间、搬运时间和看板回收时间的总和。加工时间是指发出生产看板之后到生产完成为止的时间间隔。看板回收时间是指取料看板在收集箱内的停留时间。

iii. 努力减少看板数

根据丰田公司的经验,计算看板数并不重要,即便是用计算机准确地计算出看板数,如果不对生产现场进行改善,那么看板数再准确也没有什么用处。因此,在丰田公司各工厂,生产现场的改善比看板数的计算更受到重视。

在丰田公司,在制品库存的增加被认为是各种浪费的根源。因此,强调生产现场的改善,特别是要缩短生产前置期,以减少看板数(在制品量)。即便是在批量增加时,公司也不随意增加看板数,而是千方百计地缩短生产周期,以使生产现场的问题暴露出来,从而立即采取改善措施,使同样的问题今后不再出现。

事实上,丰田公司的看板数并不是按某个特定公式计算出来的。管理人员可以根据生产现场的实际情况来决定看板数量。逐步地减少看板数的做法是促进生产现场不断改善的行之有效的方法。

根据丰田的经验,看板数控制在"虽然有些紧张,但经过努力仍能达到"的水平,才是产

生良好业绩的理想水平。

4）看板管理六项原则

实施看板管理，必须遵循以下六项原则。

（1）后道工序只在必要的时候从前道工序领取必要数量的必要零部件。这条原则有三层含义：

①后道工序从前道工序领取制品；

②要按照看板上标明的品种数量领取制品；

③没有收到看板时，不得领取制品。

（2）前道工序仅仅生产被后道工序领取的零部件。这条原则的含义是：

①各工序仅仅生产被后道工序领取的同数量同种类零部件；

②要按照后道工序领取零部件的顺序（看板送来的顺序）进行生产；

③没有收到看板不得加工制品。

（3）绝不允许把不合格品传往后道工序。这条原则要求各工序必须向下道工序提供百分之百合格的制品。

（4）没有收到看板时，不得进行任何作业。

（5）各工序要均匀地领取部件。这条原则要求各工序必须在时间上、品种上和数量上均匀地领取零部件。当然必须以均衡化生产为基础，否则这条原则将失去保证。

（6）不断地减少看板数。应该努力不断地减少看板数，不断地减少在制品数，不断地解决生产系统中暴露出来的问题。不断地减少看板数量，就意味着不断改善。

以上六项原则，对于实施看板管理来说，是极为重要的。

根据丰田的经验，对上述每一原则，都必须在准确理解的基础之上，认真严格地予以遵守。否则，即便是导入了看板管理，也不会获得应有的效果。

任务二　数控加工的质量管理

【任务描述】

学习数控加工的质量管理与质量控制的知识。

【任务准备】

一、实训目标

1. 知识目标

（1）质量管理的概念和含义。

(2)ISO 9000 系列标准。

(3)质量的波动性和质量控制。

2. 技能目标

实现操作过程的质量分析与控制。

3. 情感目标

培养学员严谨、细致、规范的职业态度。

二、知识准备

(一)质量管理

1. 质量和质量管理的概念

1)质量

Ⅰ. 质量(Quality)

国际标准 ISO 9000—2005 对质量作了如下定义:一组固有特性满足要求的程度。

Ⅱ. 产品质量

根据质量的定义,产品质量可以理解为产品满足规定需要或潜在需要的特征和特性的总和。

对于产品质量来说,不论是简单产品或者复杂产品,都应当用产品质量特征和特性描述。产品质量特性依产品的特点而异,表现的参数和指标也多种多样,归纳起来一般有六个方面的特性,即性能、寿命、可靠性、维修性、安全性、适应性和经济性。

Ⅲ. 服务质量

服务质量是指服务业各项活动或工业产品的销售和售后服务活动,满足规定或潜在需要的特征和特性的总和。服务质量特性依行业而定,其主要的共同性质和特性有以下六个方面:功能性、经济性、安全可靠性、时间性、舒适性和文明性。

2)质量管理

质量管理(Quality Management)的定义为制订和实施质量方针的全部管理职能。

(1)质量管理是一个组织全部管理的重要组成部分,它的管理职能是负责质量方针的制订与实施。

(2)质量管理的职责是由组织的最高管理者承担,并不能推卸给其他的领导者,也不能由质量职能部门负责,这一点必须明确。

(3)质量是和组织内每一个成员相关联的,他们的工作都在直接或间接地影响着产品或服务的质量。因此,为了获得所希望的质量,必须要求组织内所有成员参与质量管理活动,并承担相应义务和责任。

(4)质量管理涉及面广。从横向来说,质量管理包括战略规划、资源分配和其他有系统的活动,如质量计划、质量保证、质量控制和改进等活动。从纵向来说,质量管理应当包括质量方针、质量目标以及实现质量方针和目标的质量体系。

(5)在质量管理中,必须考虑经济因素,即要考虑质量保证的经济效益。

2. 全面质量管理

全面质量管理是指企业为了保证和提高产品质量,组织全体职工及有关部门参加,综合运用一整套质量管理体系、管理技术、科学方法,控制影响质量全过程的各因素,结合改善生产技术,经济地研制和生产用户满意的产品的系统管理活动。

1)全面质量管理的特点

Ⅰ.满足用户需要是全面质量管理的基本出发点

把用户需要放在第一位,牢固树立为用户服务、对用户负责的观点,是企业推行全面质量管理的指导思想和基本原则。企业通过开展全面质量管理,不仅要经济地研制和生产出用户满意的产品,而且要为用户使用过程提供各种方便和技术服务,以充分发挥产品的效用,达到更好地满足用户需要的目的。这条基本原则,不仅适用于生产企业处理与用户之间的关系,而且可以引用到企业内部处理前、后工序(或环节)之间的关系。全面质量管理要求企业各道工序(或工作环节)都必须树立"后工序(或环节)就是用户""努力为后工序服务"的思想。

Ⅱ.全面质量管理所管的对象是全面的

全面质量管理不仅管产品质量,而且管产品质量赖以形成的工作质量。离开工作质量的改善,提高产品质量是不可能的。全面质量管理特别要在改善工作质量上下功夫。通过提高工作质量,不仅可以保证和提高产品质量,而且可以做到降低成本、供货及时、服务周到,以全面质量的提高来满足用户的要求。

Ⅲ.全面质量管理所管的范围是全面的

实行全过程的质量管理,要在产品生产过程的一切环节加强控制,消除产生不合格品的种种隐患及其深层的原因,形成一个能够稳定生产合格产品的生产系统;要加强开发设计的质量管理,提高开发设计的质量,使产品设计充分满足用户的适用性要求;要保证用户的使用质量,保证技术服务的工作质量。这就把质量管理从原来的生产制造过程扩大到市场调查、开发设计、制订工艺、采购、制造、检验、销售、用户服务等各个环节,形成"一条龙"的总体质量管理。

Ⅳ.全面质量管理是全员参加的管理

企业产品质量的好坏,是企业许多工作和许多环节活动的综合反映,它涉及企业各个部门和全体职工。保证和提高产品质量需要依靠全体职工的共同努力,从企业领导、技术人员、管理人员到每个工人,都必须参加质量管理,学习和运用全面质量管理的思想、方法,做好自己的工作。只有人人关心质量,承担相应的质量责任,做到主要领导亲自抓,分管部门具体抓、各个部门协同抓,才能搞好全面质量管理。广泛开展群众性的质量管理小组活动,是组织广大职工参加质量管理、把群众关心质量的积极性引导到实现质量目标上来的有效形式。

Ⅴ.全面质量管理所采用的方法是多种多样的、综合的

在全面质量管理的各项活动中,要把数理统计等科学方法与改革专业技术、改善组织管理,以至与加强思想教育等方面紧密结合起来,综合发挥它们的作用。因为影响产品质量的

因素错综复杂,来自各个方面,既有物的因素,又有人的因素;既有生产技术因素,又有组织管理因素;既有自然因素,又有心理、环境、经济、政治等社会因素;既有企业内部因素,又有企业外部因素等。要把方方面面的因素综合地、系统地控制起来,必须根据不同情况,有针对性地采取各种不同的管理方法和措施,才能促进产品质量长期稳定地持续提高。

2)全面质量管理的指导思想

Ⅰ.一切为让用户满意

这是全面质量管理的方向,它是由产品质量最终反映在实用价值上的规律所决定的。

全面质量管理对质量的指导思想从对指标负责转变到为让用户满意,这是一个很大的转折。随之而来,企业的工作也应作相应的变化,了解用户、研究用户、按用户的需要生产成了企业一项很重要的工作。

将一切为让用户满意扩大到生产过程中,下道工序就是上道工序的用户,因此企业的职工在搞好本工序的前提下,要服务下道工序、帮助上道工序。

Ⅱ.一切以预防为主

这是全面质量管理的方针,也是由新产品质量取决于技术基础性工作的规律所决定的。产品质量是设计、制造出来的。在设计中,要保证新产品的性能、寿命、可靠性、安全性、经济性等质量要求;在制造过程中,一定要抓好影响工序质量的"4M1E",即操作者(Man)、设备(Machine)、材料(Material)、工艺方法(Method)及环境(Environment)因素,把质量管理的重点从"事后把关"转移到"事前预防"上来。

Ⅲ.一切用数据说话

这是全面质量管理的方法,是由质量特性值的随机波动规律所决定的。数据是质量管理的基础,一定要深入现场、收集资料,通过有关的数理统计方法对数据进行整理分析,从中找出质量波动的客观规律。

Ⅳ.一切按 PDCA 办事

一切按计划(P)、实施(D)、检查(C)、处理(A)办事。这是全面质量管理的工作方式,是由新产品质量管理逐步形成、水平不断提高的规律所决定的。

(二)9000 系列标准

1.ISO 9000 系列标准简介

ISO 9000 系列标准,也称《质量管理和质量保证标准》。它是由国际标准化组织(International Standardization Organization,ISO)于 1987 年 3 月正式发布的,1994 年 7 月又正式颁布了修订后的新标准。这个系列标准的产生是现代化大生产和国际贸易发展的必然结果。

《质量管理和质量保证标准》正式发布后,由于该系列标准澄清并统一了质量术语的概念,反映和发展了世界上技术先进、工业发达国家质量管理的实践经验,因此很快就受到了世界各国的普遍重视和采用。目前,世界上已有 60 多个国家和地区等同或等效采用该系列标准,73 000 多家企业通过了 ISO 9000 认证。

我国为适应国际贸易发展的需要,也决定推行 ISO 9000 系列标准,开展质量体系评审工作。我国在 1988 年等效采用了 ISO 9000 系列标准,国家标准编号为 GB/T 10300,1992 年又等同采用了 ISO 9000 系列标准,1994 年及时等同转化了修订后的系列标准(1994 版),国家标准编号为 GB/T 19000—1994;2000 年对此作了修订,国家标准编号为 GB/T 19000—2000。1993 年 2 月 22 日第七届全国人民代表大会常务委员会第 30 次会议通过的 《中华人民共和国产品质量法》第二章第九条规定:"国家根据国际通用的质量管理标准,推 行企业质量体系认证制度。企业根据自愿原则,可以向国务院产品质量监督部门或者国务 院产品质量监督管理部门授权认可的认证机构申请企业质量体系认证,经认证合格的,由认 证机构颁发企业质量体系认证证书。"2000 年 7 月 8 日通过的《中华人民共和国产品质量 法》这部分内容成了第二章第十四条之规定。国家技术监督局正在"中国质协质量认证中 心"等实体机构开展质量体系认证工作。出口商品生产企业可以向商检机构申请质量体系 评审。

2.ISO 9000 系列标准的结构和内容

1)ISO 9000 系列标准的结构

(1)ISO 9000《质量标准和质量保证标准——选择和使用指南》是这套标准的导则。

(2)ISO 9000《质量管理和质量体系要素——指南》是指导企业建立和运行内容质量体 系的文件。

以上两个指南对任何企业都适用。

(3)ISO 9001、ISO 9002、ISO 9003 三个标准规定了三种质量保证模式,用于合同环境, 也适用于第三方论证的模式。

2)ISO 9000 系列标准的内容

ISO 9000 标准简述了系列标准的一些关键术语的概念及其互相关系;简述了一个组织 应力求达到的质量目标以及质量体系环境的特点和质量体系标准的类型;规定了质量体系 标准的应用范围以及三种质量保证模式选择的程序和选择的因素;还规定了证实和文件包 括的内容以及供需双方在签订合同前应作的准备。

ISO 9001《质量体系——设计 / 开发、生产、安装和服务的质量保证模式》,阐述了从产 品设计 / 开发开始直到售后服务的全过程质量体系要求,适用于要求供方质量体系提供具 有从合同评审、设计直到售后服务都能进行严格控制能力的足够证据,以保证在各个阶段符 合规定的质量要求。该标准强调对设计质量的控制,提出要对整个设计过程制订严格的控 制和验证程序,并贯彻执行。

ISO 9002《质量体系——生产和安装的质量保证模式》,阐述了从采购开始直到产品交 付的生产过程的质量体系要求,适用于要求供方质量体系提供具有对生产过程进行严格控 制能力的足够证明,以保证生产和安装阶段符合规定的要求。该标准强调预防为主,要求把 生产过程的控制和对产品质量的最终检验结合在一起。

ISO 9003《质量体系——最终检验和试验的质量保证模式》,简述了从产品最终检验到 成品交付的成品和试验的质量体系要求,适用于要求供方质量体系提供具有对产品最终检 验和试验进行严格控制能力的足够证据,以保证在最终检验和试验阶段符合规定的要求。

该标准强调检验把关,要求供方建立一套完善而有效的检验系统。

ISO 9004《质量管理和质量体系要素——指南》,从企业实际需要出发,阐述了建立质量体系的原则和应包括的基本要素以及各要素的含义、内容和要求等。该标准指出,为了满足顾客的需要和期望,并保证企业利益,企业应建立并实施一个有效的质量体系。

3. 质量体系认证的作用

质量体系认证,又称质量体系评价与注册。这是指由权威的、公正的、具有独立第三方法人资格的认证机构派出合格审核员组成的检查组,对申请方质量体系的质量保证能力依据三种质量保证模式标准进行检查和评价,对符合标准要求者授予合格证书并予以注册的全部过程。

企业获得质量体系评审合格证书可以增强客户与供应者之间的信任感。评审时采用同一系列的国际标准,有利于各国评审机构相互认证,方便商品进出口。

在公司内部开展质量体系评审,可以加强企业质量管理,提高一次成功率,增加产量,降低成本,提高效益。

开展质量体系评审,对需方来说,可以查阅获得质量体系评审合格证书的生产企业名录,从中选择能连续提供保证产品质量的供方,购到高质量的商品,减少验收费用和库存费用。

4. 质量体系认证的程序

质量体系认证大体分为两个阶段:一是认证的申请和评定阶段,其主要任务是受理申请并对接受申请的供方质量体系进行检查评价,决定能否批准认证和予以注册,并颁发合格证书;二是对获准认证的供方质量体系进行日常监督管理阶段,目的是使获准认证的供方质量体系在认证有效期内持续符合相应质量体系标准的要求。质量体系认证的具体程序如图2-2-1所示。

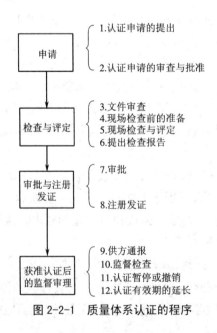

图 2-2-1 质量体系认证的程序

（三）质量的波动性

从生产结果来看,质量表现出来是有其波动性的。由于设计已确定了产品质量水平,所以考核质量好坏主要看其波动性大小。波动小,质量就稳定;波动大,质量就不稳定。如果进一步进行分析,产品质量波动可分为正常波动和异常波动两类。

1. 正常波动

正常波动又称随机波动。应当指出,即使是在符合规定的工艺条件下生产,仍会产生原材料性质上的微小差异,机床的轻微振动,刀具的正常磨损,夹具的微小松动,工人操作上的微小变化,车间温度、湿度的微小变化等,它们都会使质量产生波动。但是它们在什么时候发生,具有一定的随机性(偶然性),因此亦称随机波动。

2. 异常波动

异常波动又称系统波动。由于生产中某种异常原因存在,例如混入了不同规格成分的原材料,机床、刀具的过度磨损,夹具的严重松动,机床或刀具安装和调整不准确,孔加工基准尺寸的误差,量具的误差等,引起了工序质量的较大波动。

这两类波动的具体区别详见表 2-2-1。

表 2-2-1　正常波动与异常波动的比较

类别	发生原因	对质量影响程度	是否可避免	清除难易	消除费用	处理
正常波动	许多	小	不可避免	难	大	保持
异常波动	少	大	可避免	易	小	消除

需要注意的是,随着科学技术的发展和人们认识水平的提高,对产品的要求也提高了,正常波动可能转化为异常波动。此外,在正常情况下,仍需密切重视和控制正常波动在一个适度水平。否则,任其发展,不加控制,机床的轻微振动也有可能转化为严重振动。刀具正常磨损也有可能转化为过度磨损,这时正常波动也可能转化为异常波动。概括地说,质量控制的任务就是保持正常波动、消除异常波动。

（四）质量控制

1. 质量控制的含义

质量控制就是维持新产品质量长期处于稳定状态的活动。具体来说,就是根据产品的工艺要求,安排合适的工人和配置适当的设备,组织有关部门密切配合,根据产品质量波动的规律,判断产品质量异常因素所造成的波动,并采取各种措施保证产品达到技术要求的活动。为搞好产品质量控制,必须具有以下三个条件。

（1）要制定进行控制所需要的各种标准,包括产品标准、工序作业标准、设备保证标准、仪器仪表校正标准等。这些标准是判断产品质量是否处于稳定状态的依据。

（2）要取得实际执行结果同原有标准之间产生偏差的信息。因此,有必要建立一套灵敏的信息反馈系统,把握工序的现状及可能发展的趋势。

（3）要具有纠正实际执行结果同原有标准之间产生偏差的措施。没有纠正措施,工序控制就失去了意义。

2. 产品质量控制的内容

1）对生产条件的控制

这是对人、机、料、法、环等五大影响因素进行控制。也就是要求生产技术业务部门为生产提供保持合乎标准要求的条件，以工作质量去保证产品质量。同时，还要求每道工序的操作者对所规定的生产条件进行有效控制，包括开工前的检查和加工中的监控，特别是检验人员应给予有效监督。

2）对关键工序的控制

这是对工序的特殊要求。对关键工序除了控制上述生产条件外，还要随时掌握工序质量变化趋势，使其始终处于良好的状态。关键工序的具体控制方法是通过工序能力的验证与分析，按实际需要选用控制图或记录表，将其编入工艺文件，作为工序纪律要求操作者执行，检验人员督促检查。要使控制关键工序持续有效，必须准确编制关键工序目录；选择适用的控制方法，不搞形式主义；同时还要给予操作者进行工序控制的技术指导和时间保证。

3）计量和测试的控制

计量和测试关系到质量数据的准确性，必须严加控制。要规定严格的检定制度，编制计量标准器具、周期送检进度表，合格者有明显的标志，超期和不合格者要挂禁用牌，同时应保证合格的环境条件。

4）不合格品控制

不合格品控制应由质量管理或质量保证部门负责，不能由检验部门负责。质量管理或质量保证部门，除对不合格品的适用性作出判断外，还应根据所掌握的质量信息，进行预防性质量控制，组织质量改进，改善外购件供应等，不合格品控制应有明确的制度和程序。

项目三　数控车削中心编程加工与数控车削自动编程加工

任务一　轴向与周向孔的编程加工

【任务描述】

对图 3-1-1 所示零件进行编程与加工。

说明：外圆精加工余量 X 向 0.05 mm，Z 向 0.01 mm，切槽刀刃宽 4 mm，螺纹加工用 G92 指令，X 向铣刀直径为 8 mm，Z 向铣刀直径为 6 mm，工件程序原点如图所示（毛坯上 ϕ70 mm 的外圆已粗车至尺寸，不需加工）。工时 300 min。

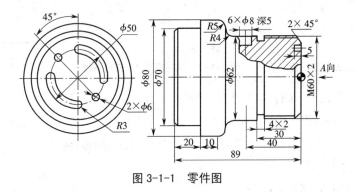

图 3-1-1　零件图

【任务准备】

一、实训目标

1. 知识目标

（1）了解数控车削中心刀具系统的形式。

（2）掌握数控车削中心的平面选择指令和辅助功能指令。

（3）掌握数控车削中心上的钻孔固定循环指令。

2.技能目标

能够在车削中心上编制包含轴向与周向孔零件的数控加工程序。

3.情感目标

培养学员严谨、细致、规范的职业态度。

二、知识准备

(一)数控车削中心刀具系统的形式

常用的数控车床的刀具系统有两种形式:一种是刀块形式,用凸键定位,螺钉夹紧定位可靠,夹紧牢固,刚性好,但换装费时,不能自动夹紧,如图 3-1-2 所示;另一种是圆柱柄上铣齿条结构,可实现自动夹紧,换装也快捷,刚性较刀块形式稍差,如图 3-1-3 所示。

瑞典山德维克公司(Sandvik)推出了一套模块化的车刀系统,其刀柄是一样的,仅需更换刀头和刀杆即可用于各种加工,刀头很小,更换快捷,定位精度高,也可以自动更换,如图 3-1-4 所示。另外,类似的小刀头刀具系统尚有多种。

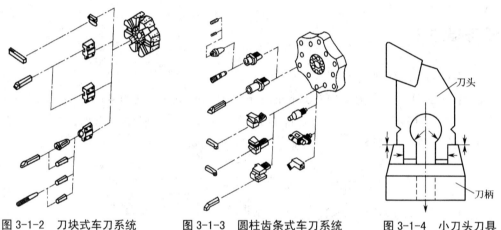

图 3-1-2　刀块式车刀系统　　　图 3-1-3　圆柱齿条式车刀系统　　　图 3-1-4　小刀头刀具

在车削中心上,开发了许多动力刀具刀柄,如能装钻头、立铣刀、三面刃铣刀、锯片、螺纹铣刀、丝锥等的刀柄,用于工件车削后工件固定,在工件端面或外圆上进行各种加工或工件做圆周进给,在工件端面或外圆上进行加工;也有接触式测头刀柄,用于各种测量。

(二)基本指令介绍

1.平面选择(G17、G18、G19)

用 G 代码为圆弧插补、刀具半径补偿和钻削加工选择平面。G 代码与选择的平面对应关系是:

(1)G17 为 $X_p Y_p$ 平面;

(2)G18 为 $Z_p X_p$ 平面;

(3)G19 为 $Y_p Z_p$ 平面。

其中:X_p 指 X 轴或其平行轴;Y_p 指 Y 轴或其平行轴;Z_p 指 Z 轴或其平行轴。

X_p、Y_p、Z_p 是由 G17、G18 或 G19 所在程序段中的轴地址决定的。在 G17、G18 或 G19 程序段中如果省略轴地址,就认为省略的是基本轴的轴地址。在没有指令 G17、G18 或 G19

的程序段,平面保持不变。通电时,选择 G18(Z_pX_p)平面。运动指令与平面选择无关。

车削固定循环指令和车削宏指令只用于 ZX 平面,在其他平面指定则报警。

例 G17 X__ Y__; XY 平面

　　G17 U__ Y__; UY 平面,当 U 为 X 的平行轴时

　　G18 X__ Z__; ZX 平面

　　X__ Y__;   平面不变,仍为 ZX 平面

　　G17; XY 平面,省略的是基本轴

　　G18; ZX 平面

　　G17 U__; UY 平面

　　G18 Y__; ZX 平面,Y 轴运动与平面无关

2. 辅助功能

1)辅助功能(M 功能)

这里只介绍车削中心所特有的 M 功能。因为 M 代码都在机床侧处理,所以以机床厂的说明书为准。这里只介绍一些常用的 M 功能。

（1）M10:卡盘夹紧。此指令能自动使卡盘夹紧。

（2）M11:卡盘松开。此指令能自动使卡盘松开,一般在装有棒料输送机、工件收集器及上下料机械手时用,如图 3-1-5 所示。

M10 和 M11 的使用注意事项如下:

①单件加工时,用手动方式夹持工件;

②单段运行开关处于"ON"时,读到 M11 夹爪放松指令时机械停止;

③M10、M11 为单独程序指令,下一程序使用 G04 暂停指令,可使夹爪动作时间延长,以增加其安全性;

④使用夹头夹持工件,夹爪应调整至适当位置;

⑤工件长度大于其直径约 7 倍时应使用尾座顶持;

⑥夹持大工件或重切削时应适度调大卡盘夹紧力,夹紧力不足易使工件脱落;

⑦不同材质工件,应使用不同夹紧力。

（3）M12:尾座套筒前进,如图 3-1-6 所示。

（4）M13:尾座套筒退回,如图 3-1-6 所示。

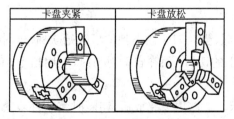

图 3-1-5　卡盘夹紧／卡盘松开

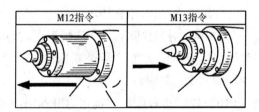

图 3-1-6　尾座套筒前进与退回

使用场合:该功能用在中心钻钻完中心孔后,顶持长工件使用。这种功能也可以在面板

上直接由开关来控制。面板开关为 TS0(前进)和 TS1(后退)。

(5)M19:主轴准停。主轴准停功能,用在形状复杂或容易脱落的场合,可使工件拿取较为方便,如图 3-1-7 所示。

图 3-1-7 主轴准停

三爪夹头夹持四角形工件时,需先将夹爪成形,如此可方便夹紧工件。当主轴旋转停止时,因使用主轴准停功能可固定主轴位置,如此可防止工件掉落。

工件容易脱落时,用成形夹爪夹持,可避免工件因掉落而损坏,这是数控车床上的主轴准停。

(6)M20:卡盘吹气。此指令有上下工件机械手,进行工件自动装卸时用。每个加工完的工件由机械手卸下后,卡盘上可能会沾有切屑,若不吹去,再次装夹工件时就有可能将切屑一起夹入,故每次装夹工件前,通过本指令控制压缩空气对卡盘自动吹气一次。

(7)M21:尾座前进,如图 3-1-8 所示。

(8)M22:尾座后退,如图 3-1-8 所示。

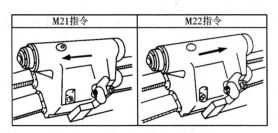

图 3-1-8 尾座前进与后退

M22 的使用注意事项如下:

①尾座上注油孔需适时加油以防卡死;

②经常保养尾座内锥度孔,避免生锈、污秽;

③使用顶尖工作,不宜伸出太长。

(9)M60:对刀仪吹屑。一般情况下,在对刀时,当对刀仪摆出到位后开始吹屑,延时一段时间以后便停止吹气,主要是吹掉粘附在刀具上的切屑;而在自动对刀时,可用指令 M60 自动控制其吹气时间。

(10)M73:工件收集器前进,如图 3-1-9 所示。工件加工完成后,切断时将工件收集器摆进(接料状态)。

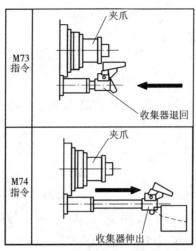

图 3-1-9 工作收集器前进与后退

（11）M74：工件收集器后退，如图 3-1-9 所示。工件切断后，落入工件收集器内，然后将工件收集器退回。

（12）M75：C_s 轮廓控制有效（C 轴有效）。由于刀盘上的动力刀具是通过刀架上的端面键实现动力传递的，为了保证两者间可靠地全啮合，在 C 轴状态下选择某一动力刀具并按下选刀启动键，刀盘抬起顺时针方向换刀，与此同时动力刀具主轴以 35 r/min 转速旋转，在选刀结束刀盘落下压紧约 2 s 后，动力主轴停止旋转，这样就保证了动力刀座与动力轴的可靠啮合。C 轴控制下的 M 代码见表 3-1-1。

表 3-1-1 C 轴控制下的 M 代码

M 代码	功能	M 代码	功能
M75	C_s 轮廓控制有效（C 轴有效）	M05	动力主轴停止
M76	C_s 轮廓控制无效（C 轴无效）	M65	C 轴夹紧（一般在钻孔固定循环指令中使用）
M03	动力主轴逆时针旋转启动	M66	C 轴松开
M04	动力主轴顺时针旋转启动	M67	C 轴阻尼（一般在铣削加工中使用）

（13）M82：卡盘夹紧力。在车薄套类工件时，为了防止工件因夹紧力过大而变形，希望在粗车、精车不同工步时，卡盘有高、低不同的夹持力（通过液压系统的减压阀预先调好），当工件转换到精车工步前，可用指令 M82 进行高压到低压的自动转换。

（14）M83：卡盘夹紧力恢复。夹紧力转换以后，需恢复正常夹紧压力时，用该指令。

2）第二辅助功能（B 功能）

主轴分度是由地址 B 及其后的 8 位数指令组成的。B 代码和分度角的对应关系随机床而异，详见机床制造商发布的说明书。

（1）指令范围为 0 到 99999999。

（2）指令方法。

①可以用小数点输入。

指令	输出值
B10.	10000
B10	10

②当不用小数点输入时，使用参数 DPI（3401 号参数的第 0 位）可以改变 B 的输出比例系数（1000 或 1）。

指令	输出值	
B1	1000	当 DPI=1 时
B1	1	当 DPI=0 时

③在英制输入且不用小数点时，使用参数 AUX（3405 号参数的第 0 位）可以在 DPI=1 的条件下改变 B 的输出比例系数（1000 或者 10000）。

指令	输出值	
B1	10000	当 AUX=1
B1	1000	当 AUX=0

使用此功能时，B 地址不能用于指定轴的运动。

例 3-1-1 在轴上铣出如图 3-1-10 所示两个键槽，键槽为 180°对称分布。

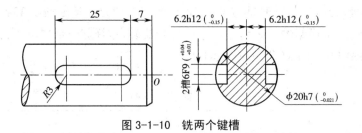

图 3-1-10 铣两个键槽

用 φ6 mm 键槽铣刀，指令如下：

......

B0；	铣键槽 1

M75；

M65；

G00 Z-10.0 X24.0 S600 M03；

G01 X12.15 F20；

W-19.0；

G00 X24.0；

M66 W19.0；

B180.0；	分度 180°，铣键槽 2

G01 X12.15 F20；

W-19.0；

G00 X24.0;

M76;

……

（三）车削中心上的钻孔固定循环

钻孔固定循环适用于回转类零件端面上的孔中心不与零件轴线重合的孔或外表面上的孔的加工。这种循环操作用一个 G 代码来简化用几个程序段才能完成的加工操作。钻孔固定循环是普通钻孔固定循环 G83/G87、镗孔固定循环 G85/G89 及攻螺纹固定循环 G84/G88 等的简称。钻孔固定循环的一般过程如图 3-1-11 所示，其中在孔底的动作和退回参考点 R 的移动速度根据具体的钻孔形式而不同。参考点 R 的位置稍高于被加工零件的平面，是为了保证钻孔过程的安全可靠而设置的。根据加工需要，可以在零件端面上或侧面上进行钻孔加工。在使用钻孔固定循环时，需注意下列事项。

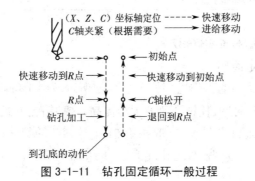

图 3-1-11　钻孔固定循环一般过程

（1）钻削径向孔或中心不在工件回转轴线上的轴向孔时，数控车床必须带有动力刀具，即为车削中心，且动力头分别有轴向的和径向的。但如果只钻削中心与工件回转轴线重合的轴向孔，则可采用车床主轴旋转的方法来进行。采用动力头时需用 M 代码将车床主轴的旋转运动转换成动力头主轴的运动，钻孔完毕后再用 M 代码将动力头主轴的运动转换成车床主轴的运动。

（2）根据零件情况和每种指令的要求设置好有关参数。在端面上进行钻孔时，孔位置用 C 轴和 X 轴定位，Z 轴为钻孔方向轴；在侧面上钻孔时，孔位置用 C 轴和 Z 轴定位，X 轴为钻孔方向轴。

（3）需采用 C 轴夹紧 / 松开功能时，需在机床参数 No.204 中设置 C 轴夹紧 / 松开 M 代码。钻孔循环过程中，刀具快速移动到初始点时 C 轴自动夹紧，钻孔循环结束后退回到 R 点时 C 轴自动松开。

（4）钻孔固定循环 G 代码是模态指令，直到被取消前一直有效。钻孔模式中的数据一旦指定即被保留，直到修改或取消。进行钻孔循环时，只需改变孔的坐标位置数据即可重复钻孔。

（5）在采用动力头钻孔时，工件不转动，因而钻孔时必须以 mm/min 表示钻孔进给速度。

（6）钻孔循环可用专用 G 代码 G80 或用 G00、G01、G02、G03 取消。

此固定循环符合 JISB 6314 标准,如表 3-1-2 所示。

表 3-1-2　固定循环

G 代码	钻孔轴	孔加工操作 (– 向)	孔底位置操作	回退操作 (+ 向)	应用
G80	—	—	—	—	取消
G83	Z 轴	切削进给 / 断续	暂停	快速移动	正钻循环
G84	Z 轴	切削进给	暂停→主轴反转	切削进给	正攻螺纹循环
G85	Z 轴	切削进给	—	切削进给	正镗循环
G87	X 轴	切削进给 / 断续	暂停	快速移动	侧钻循环
G88	X 轴	切削进给	暂停→主轴反转	切削进给	侧攻螺纹循环
G89	X 轴	切削进给	暂停	切削进给	侧镗循环

1. 端面 / 侧面钻孔循环(G83/G87)

1)高速啄式钻孔固定循环

高速啄式钻孔固定循环的工作过程如图 3-1-12 所示。由于每次退刀时不退到 R 平面,因而节省了大量的空行程时间,使钻孔速度大为提高,这种钻孔方式适合于高速钻深孔。是用深孔钻循环还是用高速深孔钻循环,取决于 5101 号参数的第 2 位 RTR 的设定。如果不指定每次钻孔的切深,就为普通钻孔循环。高速深孔钻循环（G83,G87）,参数 RTR（No5101#2）=0。

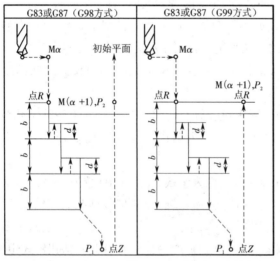

图 3-1-12　高速啄式钻孔固定循环

高速啄式钻孔固定循环的指令格式如下:

　　　　G83 X(U)＿ C(H)＿ Z(W)＿ R＿ Q＿ P＿ F＿ M＿ K＿ ;　　　　端面钻孔

　　　　G87 Z(W)＿ C(H)＿ X(U)＿ R＿ Q＿ P＿ F＿ M＿ K＿ ;　　　　侧面钻孔

指令中各参数意义如下：

X（U）C（H）或 Z（W）C（H）——孔位置坐标；

Z（W）或 X（U）——孔底部坐标，以相对坐标 W 或 U 表示时，为 R 点到孔底的距离；

R——初始点到 R 点的距离，有正负号；

Q——每次钻孔深度；

P——刀具在孔底停留的延迟时间；

F——钻孔进给速度，以 mm/min 表示；

K——钻孔重复次数（根据需要指定），缺省 K=1；

M——C 轴夹紧 M 代码（根据需要）。

2）啄式钻孔固定循环

啄式钻孔固定循环的工作过程如图 3-1-13 所示。由于每次退刀时都退到 R 点，因而空行程时间较长，使钻孔速度比高速啄式钻孔慢，但排屑更充分，更适合于钻深孔（参数 No5112#2=1）。

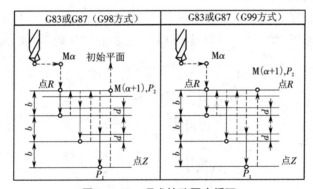

图 3-1-13　啄式钻孔固定循环

例 3-1-2　轴向孔的钻削编程实例。如图 3-1-14 所示的零件在周向有 4 个孔，孔间夹角均为 90°，可采用 G83 指令来钻削，每次钻孔时保持其余参数不变，只改变 C 轴旋转角度，则已指定的钻孔指令可重复执行，数控程序见表 3-1-3。

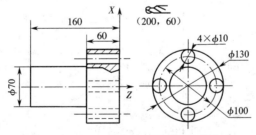

图 3-1-14　G83 指令钻削周向分布轴向孔

表 3-1-3 轴向孔钻削数控程序

程序	程序说明
……	
G94 M75；	采用 mm/min 进给率，主切削运动转换到动力头
M03 S2000；	
G00 Z30.0；	快速走到钻孔初始平面，该平面距离零件端面 30 mm
G83 X100.0 C0.0 Z-65.0 R-10.0 Q5000	定位并钻第一个孔，R 平面距离初始平面 10 mm，每次钻削深度为 5.0 mm，钻孔进给
F5.0 M65；	速度为 15 mm/min，车床主轴夹紧代码为 M65
C90.0 M65；	主轴旋转 90°钻第二个孔
C180.0 M65；	主轴旋转 90°钻第三个孔
C270.0 M65；	主轴旋转 90°钻第四个孔
G80 M05；	钻孔完毕，取消钻孔循环
G95 M76；	转换到 mm/r 进给方式，主切削运动转换到车床主轴
G30 U0 W0；	
M30；	

例 3-1-3 径向孔钻削编程实例。如图 3-1-15 所示的轴类零件在圆柱外表面上有 4 个孔，孔间夹角均为 90°，可采用 G87 指令来钻削，每次钻孔时保持其余参数不变，只改变 C 轴旋转角度，则已指定的钻孔指令可重复执行。数控程序见表 3-1-4。

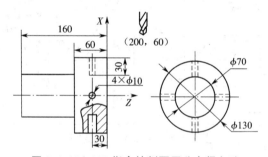

图 3-1-15 G87 指令钻削圆周分布径向孔

表 3-1-4 径向孔钻削数控程序

程序	程序说明
……	
G94 M75；	采用 mm/min 进给速度，主切削运动转换到动力头
M03 S2000；	
G00 X170.0；	快速走到钻孔初始平面，该平面距离零件外圆柱表面 20 mm
G87 Z-30.0 C0.0 X70.0 R-10.0（Q5000）F5.0	定位并钻第一个孔，R 平面距离初始平面 10 mm，钻孔进给速度为
M65；	5 mm/min，车床主轴夹紧代码为 M65
C90.0 M65；	主轴旋转 90°钻第二个孔
C180.0 M65；	主轴旋转 90°钻第三个孔
C270.0 M65；	主轴旋转 90°钻第四个孔
G80 M05；	钻孔完毕，取消钻孔循环
G95 M76；	转换到 mm/r 进给方式，主切削运动转换到车床主轴
G30 U0 W0；	
M30；	

3)钻孔固定循环

钻孔固定循环的工作过程如图 3-1-16 所示,钻孔过程中没有回退动作,因而这种钻孔方式只适合于钻浅孔。

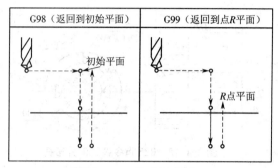

图 3-1-16 钻孔固定循环

钻孔固定循环的指令格式和指令参数中除没有 Q(每次钻削深度)外,其余与高速啄式钻孔固定循环相同。

2. 端面 / 侧面镗孔循环(G85/G89)

镗孔固定循环的工作过程如图 3-1-17 所示。

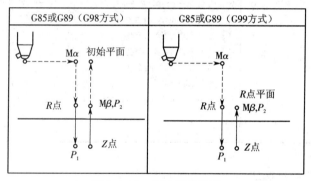

图 3-1-17 镗孔固定循环

镗孔固定循环的指令格式如下:

  G85 X(U)＿ C(H)＿ Z(W)＿ R＿ Q＿ P＿ F＿ M＿ K＿;   端面镗孔

  G89 Z(W)＿ C(H)＿ X(U)＿ R＿ Q＿ P＿ F＿ M＿ K＿;   侧面镗孔

指令中各参数意义如下:

X(U)C(H)或 Z(W)C(H)——孔位置坐标;

Z(W)或 X(U)——孔底部坐标,以增量坐标 W 或 U 表示时,为 R 点到孔底的距离;

R——初始点到 R 点的距离,带正负号;

P——刀具在孔底停留的延迟时间;

F——钻孔进给速度,以 mm/min 表示;

K——钻孔重复次数(根据需要指定);

M——C 轴夹紧 M 代码(根据需要)。

例 3-1-4　如图 3-1-18 所示零件在周向有四个孔,孔间夹角均为 90°,可采用 G85 指令来镗孔,每次镗孔时保持其余参数不变,只改变 C 轴,则已指定的镗孔指令可重复执行。数控程序见表 3-1-5。

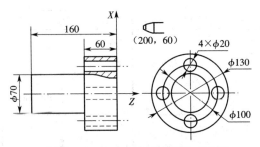

图 3-1-18　G85 指令镗周向分布孔

表 3-1-5　G85 镗周向分布孔数控程序

程序	程序说明
……	
G94 M75;	采用 mm/min 进给速度,主切削运动转换到动力头
M03 S2000;	
G00 Z30.0;	快速走到镗孔初始平面,该平面距离零件端面 30 mm
G85 X100.0 C0.0 Z-65.0 R-10.0 P500 F5.0	定位并镗第一个孔,R 平面距离初始平面 10 mm,镗孔进给速度为 5 mm/min,在
M65;	孔底延时 500 ms,车床主轴夹紧代码为 M65
C90.0 M65;	主轴旋转 90° 镗第二个孔
C180.0 M65;	主轴旋转 90° 镗第三个孔
C270.0 M65;	主轴旋转 90° 镗第四个孔
G80 M05;	镗孔完毕,取消镗孔循环
G95 M76;	转换到 mm/r 进给方式,主切削运动转换到车床主轴
G30 U0 W0;	
M30;	

3. 端面 / 侧面攻螺纹循环

攻螺纹固定循环的工作过程如图 3-1-19 所示。

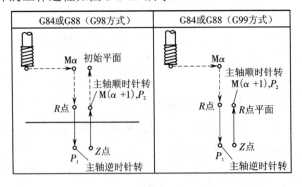

图 3-1-19　攻螺纹固定循环

攻螺纹固定循环的指令格式如下:

G84 X(U)__ C(H)__ Z(W)__ R__ Q__ P__ F__ M__ K__；　　　　端面攻螺纹

G88 Z(W)__ C(H)__ X(U)__ R__ Q__ P__ F__ M__ K__；　　　　侧面攻螺纹

指令中各参数意义如下：

X(U)、C(H)或Z(W)、C(H)——孔位置坐标；

Z(W)或X(U)——孔底部坐标，以增量坐标W或U表示时，为R点到孔底的距离；

R——初始点到R点的距离，带正负号；

P——刀具在孔底停留的延迟时间；

F——攻螺纹进给速度，以mm/min表示（F=转数乘以导程）；

K——攻螺纹重复次数（根据需要指定）；

M——C轴夹紧M代码（根据需要）。

与其他钻孔固定循环不同的是，攻螺纹固定循环在刀具到达孔底后，动力头必须反转按F设定值运动才能使丝锥退回。在该种工作方式下，进给速度倍率调整无效，在刀具返回动作完成以前，即使按暂停键也不能使动作停止。

例3-1-5　如图3-1-20所示的零件沿端面直径上有3个轴向螺纹孔，可采用G84指令来攻螺纹，每次攻螺纹时保持其余参数不变，只改变X轴坐标值，则已指定的攻螺纹指令可重复执行。数控程序见表3-1-6。

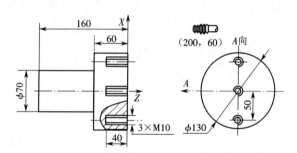

图3-1-20　G84指令攻沿直径分布轴向螺纹孔

表3-1-6　G84指令攻沿直径分布轴向螺纹孔数控程序

程序	程序说明
…… G94 M75； M03 S100； G00 Z30.0； G84 X100.0 Z-40.0 R-10.0 P500 F150.0 M65； X0 M65； X-100.0 M65； G80 M05； G95 M76； G30 U0 W0； M30；	采用mm/min进给速度，主切削运动转换到动力头 快速走到钻孔初始平面，该平面距离零件端面30 mm 定位并攻第一个孔，R平面距离初始平面10 mm，攻螺纹进给速度为150 mm/min，在孔底延时500 ms，车床主轴夹紧代码为M65 丝锥移到中心攻第二个孔 丝锥移到下端攻第三个孔 攻螺纹完毕，取消攻螺纹循环 转换到mm/r进给方式，主切削运动转换到车床主轴

例3-1-6　如图3-1-21所示的零件沿外表面上有5个径向螺纹孔，可采用G88指令来

攻螺纹,每次攻螺纹时保持其余参数不变,只改变 Z 轴坐标值,则已指定的攻螺纹指令可重复执行。数控程序见表 3-1-7。

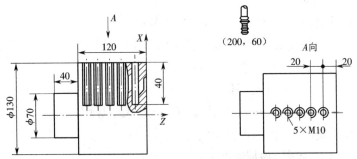

图 3-1-21　G88 指令攻沿轴向分布径向螺纹孔

表 3-1-7　G88 指令攻沿轴向分布径向螺纹孔数控程序

程序	程序说明
……	
G94 M75；	采用 mm/min 进给速度,主切削运动转换到动力头
M03 S100；	
G00 X170.0；	快速走到钻孔初始平面,该平面距离零件外圆 20 mm
G88 Z-20.0 XS0.0 R-10.0 P500 F150.0	定位并攻第一个孔,R 平面距离初始平面 10 mm,攻螺纹进给速度为 150 mm/min,车
M65；	床主轴夹紧代码为 M65
Z-40.0 M65；	攻第二个孔
Z-60.0 M65；	攻第三个孔
Z-80.0 M65；	攻第四个孔
Z-100.0 M65；	攻第五个孔
G80 M05；	攻螺纹完毕,取消攻螺纹循环
G95 M76；	转换到 mm/r 进给方式,主切削运动转换到车床主轴
G30 U0 W0；	
M30；	

【任务实施】

实训步骤

(1)对图 3-1-1 所示零件进行加工工艺分析。

(2)对零件进行数控加工程序的编制(参考程序见表 3-1-8)。

(3)在仿真软件上进行程序的输入与校验。

(4)(有条件的)在车削中心上进行零件加工。

(5)对工件进行误差与质量分析。

表 3-1-8　数控加工程序

程序	程序说明
O3101；	
M41；	主轴高速挡
G50 S1500；	主轴最高转速为 1 500 r/min
N1；	工序（一）外圆粗切削
G00 G40 G97 G99 S600 T0202 M04 F0.15；	主轴转速 500 r/min，走刀量 0.15 mm/r，刀具号 T02
X84.0 Z2.0；	粗车循环点
G71 U2.0 R0.5；	外圆粗车指令，每次切削深度 2.0 mm，退刀 0.5 mm
G71 P10 Q11 U0.5 W1.0；	X 向精加工余量 0.5 mm，Z 向精加工余量 1.0 mm
N10 G00 G42 X0；	工件起始序号 N10，刀具快速到 X0 点，并进行刀具右补偿
G01 Z0；	进刀至 Z0 点
X60.0 C-2.0；	切端面，切削倒角 $C2$
Z-30.0；	切削 ϕ 60 外圆
X62.0；	切削端面至 ϕ 62
Z-50.0；	车削 ϕ 62 外圆
G02 70.0 Z-54.0 R4.0；	车削 $R4$ 的倒角
G03 X80.0 Z-59.0 R5.0；	车削 $R5$ 的倒角
Z-69.0；	车削 ϕ 80 外圆
N11 G01 G40 X82.0；	工件起结束号 N11，刀具到 X82.0 点，并取消刀具右补偿
G28 U0 W0 T0200 M05；	刀具自动返回参考点
N2；	工序（二）外圆精车
G00 S800 T0404 M04 F0.08 X84.0 Z2.0；	
G70 P10 Q11；	
G28 U0 W0 T0400 M05；	
N3；	工序（三）切槽
G97 G99 M04 S200 T0606 F0.05；	
G00 X64.0 Z-30.0；	切槽刀快速至 X64.0，Z-30.0 准备切槽
G01 X56.0；	切槽至槽底尺寸
G04 X2.0；	暂停 2 s
G01 X62.0 F0.2；	以 0.2 mm/r 的速度退刀至 X62.0 处
G0 X100.0；	快速退刀至 X100.0 处
G28 U0 W0 T0600 M05；	刀具自动返回机械原点
N4；	工序（四）切削螺纹
G00 G97 G99 M04 S400 T0707；	
X62.0 Z5.0；	刀具定位至螺纹循环点
G92 X59.2 Z-28.0 F2.0；	螺距为 2.0 mm
X58.5；	
X57.9；	
X57.5；	
X57.4；	
G00 X100.0；	
G28 U0 W0 T0700 M05；	
N5；	工序（五）径向孔
M54；	主轴（C 轴）离合器合上
G28 H-30.0；	C 轴反向转动 30°，有利于 C 轴回零点
G50 C0；	设定 C 轴坐标系
G00 G97 G98 M04 S1000 T1111 M04 F10；	设定转速 1 000 r/min，进给量 10 mm/min
G00 X64.0 Z-40.0；	铣刀定位

程序	程序说明
M98 P1000 L6；	调用子程序 O1000 6 次，铣 ϕ 8 mm 孔
G00 X100.0；	
G28 U0 W0 C0 T1100 M05；	
N6；	工序（六）铣削端面槽及孔
G50 C0；	设定 C 轴坐标系
G00 G97 G98 T0909 M04 S1000 T0909；	
X44.0 Z1.0；	铣刀定位
M98 P1001 L2；	调用子程序 O1001 2 次，铣断面圆弧槽
G00 H-45.0；	铣刀定位准备铣削 ϕ 6 mm 孔
G01 Z-5.0 F5；	铣 ϕ 6 mm 孔
Z1.0 F20；	
G00 H180.0；	铣刀定位准备铣削 ϕ 6 mm 孔
G01 Z-5.0 F5；	铣 ϕ 6 mm 孔
Z1.0 F20；	
G00 X100.0；	
G28 U0 W0 C0 T0900 M05；	
M55；	主轴（C 轴）离合器断开
M30；	
O1000；	子程序
G01 X52.0 F5；	
G04 U1.0；	
X64.0 F20；	
G00 H60.0；	
M99；	
O1001；	
G00 Z-5.0 F5；	
G01 H09 F20；	
Z2.0 F20.0；	
H90.0；	
M99；	

任务二　复合件的车铣编程加工

【任务描述】

对图 3-2-1 所示的零件进行编程与加工，材料为 45# 钢，毛坯尺寸为 ϕ 70 mm×100 mm 的棒料（车削中心的型号为 EX308，数控系统为 FANUC 21i）。

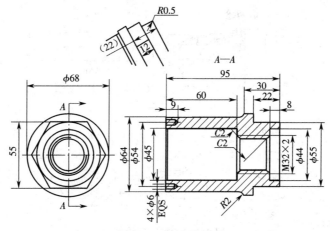

图 3-2-1 缸套零件图

【任务准备】

一、实训目标

1. 知识目标

（1）了解车削中心上常用的铣刀知识。

（2）掌握铣削加工刀具半径补偿的方法。

（3）掌握极坐标插补知识。

（4）掌握柱面坐标编程的方法。

（5）掌握同步驱动的知识。

2. 技能目标

（1）能够使用（G12.1、G13.1）指令对零件进行坐标编程。

（2）能够使用（G07.1、G107）指令对零件进行柱面坐标编程。

（3）能够对复合零件进行车铣编程加工。

3. 情感目标

培养学员严谨、细致、规范的职业态度。

二、知识准备

（一）车削中心上常用的铣刀

1. 立铣刀

立铣刀是数控铣削加工中应用最广的一种铣刀,其结构如图 3-2-2 和图 3-2-3 所示。它主要用于立式铣床上加工凹槽、台阶面和成形面等。立铣刀的主切削刃分布在铣刀的圆柱表面上,副切削刃分布在铣刀的端面上,并且端面中心有中心孔,因此铣削时一般不能沿铣刀轴向作进给运动,而只能沿铣刀径向作进给运动。立铣刀也有粗齿和细齿之分:粗齿铣刀的刀齿为 3～6 个,一般用于粗加工;细齿铣刀的刀齿为 5～10 个,适合于精加工。立铣刀的直径范围是 2～80 mm,其柄部有直柄、莫氏锥柄和 7：24 锥柄等多种形式。

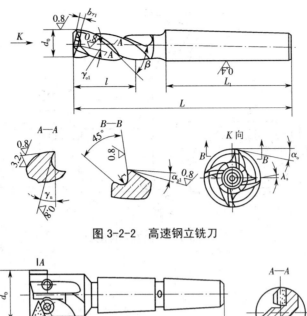

图 3-2-2　高速钢立铣刀

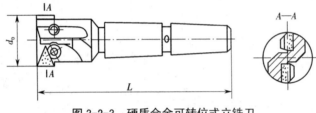

图 3-2-3　硬质合金可转位式立铣刀

为了提高生产效率,除采用普通高速钢立铣刀外,数控车削中心上还普遍采用硬质合金螺旋齿立铣刀和波形刃立铣刀。

1)硬质合金螺旋齿立铣刀

如图 3-2-4 所示,通常这种刀具的硬质合金刃做成焊接、机夹及可转位三种形式,具有良好的刚性和排屑性能,可对工件的平面、阶梯面、内侧面及沟槽进行粗、精铣削加工,生产效率比同类型高速钢铣刀提高 2～5 倍。当铣刀的长度足够时,可以在一个刀槽中焊上两个或更多的硬质合金刀片,并使相邻刀齿间的接缝相互错开,利用同一刀槽中刀片之间的接缝作为分屑槽,这种铣刀俗称"玉米铣刀",通常在粗加工时使用。

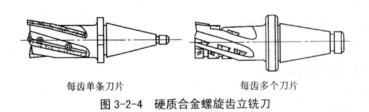

每齿单条刀片　　　　　每齿多个刀片

图 3-2-4　硬质合金螺旋齿立铣刀

2)波形刃立铣刀

波形刃立铣刀与普通立铣刀的最大区别是其刀刃为波形,如图 3-2-5 所示。采用这种立铣刀能有效降低切削阻力,防止铣削时产生振动,并显著地提高铣削效率。它能将狭长的薄切屑变为厚而短的碎块切屑,使排屑顺畅。由于刀刃为波形,使它与被加工工件接触的切削刃长度较短,刀具不容易产生振动;波形刀刃还能使切削刃的长度增大,有利于散热;还可以使切削液较易渗入切削区,能充分发挥切削液的效果。

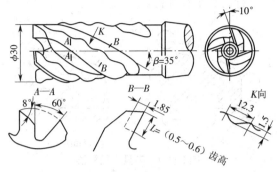

图 3-2-5　波形刃立铣刀

2. 键槽铣刀

键槽铣刀主要用于车削中心上加工圆头封闭键槽等,如图 3-2-6 所示。该铣刀外形似立铣刀,端面无顶尖孔,端面刀齿从外圆开止轴心,且螺旋角较小,增强了端面刀齿的强度。端面刀齿上的切削刃为主切削刃,圆柱面上的切削刃为副切削刃。加工键槽时,每次先沿铣刀轴向进给较小的量,然后再沿径向进给,这样反复多次,即可完成键槽的加工。由于该铣刀的磨损是在端面和靠近端面的外圆部分,所以修磨时只修磨端面切削刃,这样铣刀直径可保持不变,使加工键槽精度较高,铣刀寿命较长。

键槽铣刀的直径范围为 2 ～ 63 mm,柄部有直柄和莫式锥柄两种。

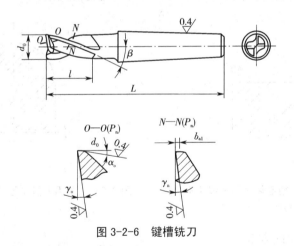

图 3-2-6　键槽铣刀

(二)铣削加工刀具半径补偿

1. 刀具半径补偿的目的

在数控车削中心上进行轮廓的铣削加工时,由于刀具半径的存在,刀具中心(刀心)轨迹和工件轮廓不重合。如果数控系统不具备刀具半径自动补偿功能,则只能按刀心轨迹进行编程,即在编程时给出刀具中心运动轨迹。如图 3-2-7 所示的点划线轨迹,其计算相当复杂,尤其当刀具磨损、重磨或换新刀而使刀具直径变化时,必须重新计算刀心轨迹,修改程序,这样既烦琐又不易保证加工精度。当数控系统具备刀具半径补偿功能时,数控编程只需按工件轮廓进行,如图 3-2-7 中的粗实线轨迹,数控系统会自动计算刀心轨迹,使刀具偏离工件轮廓一个半径值,即进行刀具半径补偿。

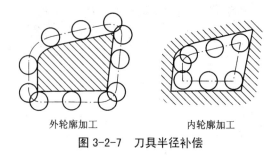

外轮廓加工　　　　　内轮廓加工

图 3-2-7　刀具半径补偿

2. 刀具半径补偿功能的应用

(1)刀具因磨损、重磨、换新刀而引起刀具直径改变后,不必修改程序,只需在刀具参数设置中输入变化后的刀具直径。如图 3-2-8 所示,1 为未磨损刀具,2 为磨损后刀具,两者直径不同,只需将刀具参数表中的刀具半径 r_1 改为 r_2,即可适用同一程序。

(2)用同一程序、同一尺寸的刀具,利用刀具半径补偿,可进行粗、精加工。如图 3-2-9 所示,刀具半径 r,精加工余量 Δ。粗加工时,输入刀具直径 $D=2(r+\Delta)$,则加工出点画线轮廓;精加工时,用同一程序、同一刀具,输入刀具直径 $D=2r$,则加工出实线轮廓。

在现代 CNC 系统中,有的已具备三维刀具半径补偿功能;对于四、五坐标联动数控加工,还不具备刀具半径补偿功能,必须在刀位计算时考虑刀具半径。

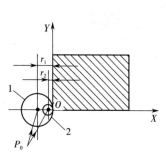

图 3-2-8　刀具直径变化而加工程序不变
1—未磨损刀具;2—磨损后刀具

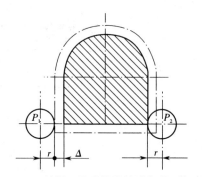

图 3-2-9　利用刀具半径补偿进行粗、精加工
P_1—粗加工刀心位置;P_2—精加工刀心位置

3. 刀具半径补偿的方法

数控系统的刀具半径补偿(Cutter Radius Compensation)就是将计算刀具中心轨迹的过程交由 CNC 系统执行,编程人员假设刀具的半径为零,直接根据零件的轮廓形状进行编程,因此这种编程方法也称为对零件的编程(Programming the Part)。而实际的刀具半径则存放在一个刀具半径补偿存储器中,在加工过程中,CNC 系统根据零件程序和刀具半径自动计算刀具中心轨迹,完成对零件的加工。当刀具半径发生变化时,不需要修改零件程序,只需修改存放在刀具半径补偿存储器中的刀具半径值,或者选用存放在另一个刀具半径补偿存储器中的刀具半径所对应的刀具即可。

现代 CNC 系统一般都设置有若干（16，32，64 或更多）个刀具半径补偿存储器，并对其进行编号，专供刀具补偿之用，可将刀具补偿参数（刀具长度、刀具半径等）存入这些存储器中。进行数控编程时，只需调用所需刀具半径补偿参数所对应的存储器编号即可，加工时 CNC 系统将该编号对应的刀具半径补偿存储器中存放的刀具半径取出，对刀具中心轨迹进行补偿计算，生成实际的刀具中心运动轨迹。

铣削加工刀具半径补偿分为刀具半径左补偿（Cutter Radius Compensation Left），用 G41 定义；刀具半径右补偿（Cutter Radius Compensation Right），用 G42 定义。使用非零的 D## 代码选择正确的刀具半径补偿存储器号。根据 ISO 标准，当刀具中心轨迹沿前进方向位于零件轮廓右边时称为刀具半径右补偿，反之称为刀具半径左补偿，如图 3-2-10 所示；当不需要进行刀具半径补偿时，则用 G40 取消刀具半径补偿。

1）刀具半径补偿建立

刀具由起刀点（位于零件轮廓及零件毛坯之外，距离加工零件轮廓切入点较近）以进给速度接近工件，刀具半径补偿方向由 G41（左补偿）或 G42（右补偿）确定，如图 3-2-11 所示。

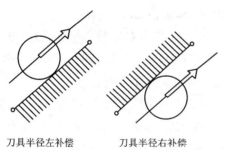

刀具半径左补偿　　　刀具半径右补偿

图 3-2-10　刀具半径补偿指令

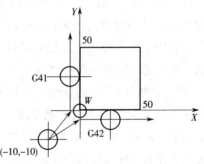

图 3-2-11　建立、取消刀具半径补偿

在图 3-2-11 中，建立刀具半径左补偿的有关指令如下：

G90 G92 X-10.0 Y-10.0 Z0;	定义程序原点，起刀点坐标为（-10，-10）
S900 M03;	启动主轴
G17 G01 G41 X0 Y-10.0 D01;	建立刀具半径左补偿，刀具半径补偿存储器号为 D01
Y50.0;	定义首段零件轮廓

其中：D01 为调用 D01 号刀具半径补偿存储器中存放的刀具半径值。

在图 3-2-11 中，建立刀具半径右补偿的有关指令如下：

　　　　G17　G01　G42 X0　Y0　D01;

　　　　X50.0;

2）刀具半径补偿取消

刀具撤离工件，回到退刀点，取消刀具半径补偿。与建立刀具半径补偿过程类似，退刀点也应位于零件轮廓之外，退出点距离加工零件轮廓较近，可与起刀点相同，也可以不相同。

如图 3-2-11 所示，假如退刀点与起刀点相同的话，其刀具半径补偿取消过程的指令如下：

    N100 G01 X0 Y0;   加工到工件原点

    N110 G01 G40 X-10.0 Y-10.0;   取消刀具半径补偿，退回到起刀点

N110 也可以这样写：

    N110 G01 G41 X-10.0 Y-10.0 D00;

或

    N110 G01 G42 X-10.0 Y-10.0 D00;

因为 D00 中的补偿量永远为 0。

（三）极坐标插补（G12.1、G13.1）

将在直角坐标系编制程序的指令，转换成直线轴的移动（刀具的移动）和旋转轴的旋转（工件的旋转），而进行轮廓控制的机能，称为极坐标插补。

进行极坐标插补，可使用下列 G 代码（25 组）。

（1）G12.1/G112：极坐标插补模式（进行极坐标插补）。

（2）G13.1/G113：极坐标插补取消模式（不进行极坐标插补）。

这些 G 代码单独在一个程序段内。当电源 ON 及复位时，取消极坐标插补（G13.1）。进行极坐标插补的直线轴和旋转轴，事先设定参数（No.5460、5461）。

以 G12.1 指令成极坐标模式，以特定坐标系的原点（未指令 G52 特定坐标系时，以工件坐标系的原点）为坐标系的原点，以直线轴为平面第 1 轴，直交于直线轴的假想轴为平面第 2 轴，构成平面（以下称为极坐标插补平面），极坐标插补在此平面上进行。

极坐标插补模式的程序指令，以极坐标插补平面的直角坐标值指令，平面第 2 轴（假想轴）的指令的轴地址，使用旋转轴（参数 No.5461）的轴地址。但指令单位非度（°），而是和平面第 1 轴（以直线轴的轴地址指令），以相同单位（mm 或 in）指令。但是直径指定或半径指定，则与平面第 1 轴无关，与旋转轴相同。

极坐标插补模式中，可用直线插补（G01）及圆弧插补（G02、G03）指令，也可用绝对值和增量值。

对程序指令也可使用刀具半径补偿，对刀具半径补偿后的路径进行极坐标插补。但在刀具半径补偿模式（G41、G42）中，不可进行极坐标插补模式（G12.1、G13.1）的切换。G12.1 及 G13.1 必须以 G40 模式（刀具半径补偿取消模式）指令。

进给速度以极坐标插补平面（直交坐标系）的切线速度（工件和刀具的相对速度）F 指令（F 的单位为 mm/min 或 in/min）。指令 G12.1 时，假想轴的坐标值为 0，即指令 G12.1 的位置的角度 0，开始极坐标插补。

（1）指令 G12.1 以前，必须先设定特定坐标系（或工件坐标系），使旋转轴的中心成为坐标原点。又 G12.1 模式中，不可进行坐标系变更（G50、G52、G53）、相对坐标的重设（G54 ～ G59）。

（2）G12.1 指令前的平面（由 G17、G18、G19 选择的平面）一旦取消，而遇 G13.1（极坐标插补取消）指令时复活。又复位时，极坐标插补模式也取消，成为 G17、G18、G19 所选平

面。

（3）在极坐标插补平面进行圆弧插补（G02、G03）时，圆弧半径的指令方法（使用 I、J、K 中哪两个），由以平面第 1 轴（直线轴）为基本坐标系的那一轴（参数 No.1022）决定。

①直线轴为 X 轴或其平行轴，当作 XY 平面，以 I、J 指令。

②直线轴为 Y 轴或其平行轴，当作 YZ 平面，以 J、K 指令。

③直线轴为 Z 轴或其平行轴，当作 ZX 平面，以 K、I 指令。

④也可用 R 指令圆弧半径。

（4）G12.1 中可指令的 G 码为 G01、G65、G66、G67、G02、G03、G04、G98、G95、G40、G41、G42。

（5）G12.1 模式中，平面其他轴的移动指令与极坐标无关。

（6）刀具半径补偿方式下，不能启动或取消极坐标插补方式，必须在刀尖圆弧半径补偿取消方式指令或取消极坐标插补方式。

（7）G12.1 模式中的现在位置显示都显示实际坐标值，但"剩余移动量"的显示，以在极坐标插补平面（直交坐标）的程序段的剩余移动量显示。

（8）对 G12.1 模式中的程序段，不可进行程序再开始。

（9）极坐标插补是将直角坐标系制作程序的形状变换成旋转轴（C 轴）和直线轴（X 轴）的移动，越近工件中心，即 C 轴的成分越大。如图 3-2-12 所示，考虑直线 L_1、L_2、L_3，直角坐标系的进给 F，使某单位 F 间的移动量为 ΔX，若 $L_1 \rightarrow L_2 \rightarrow L_3$ 接近中心，C 轴的移动量 $\theta_1 \rightarrow \theta_2 \rightarrow \theta_3$ 越来越大，单位时间 C 轴的移动量变大。意味着在工件中心附近，C 轴的速度成分越大。

由直角坐标系变换成 C 轴和 X 轴的结果，C 轴速度成分若超过 C 轴的最大切削进给速度，（参数 No.1422）则可能出现报警。因此，必须将地址 F 指令的进给速度变小，或程序勿近工件中心（刀具半径补偿时，刀具中心勿近工件中心），使 C 轴速度成分不超过 C 轴最大切削进给速度。

在极坐标插补时，F 指令速度可由下式得到，请在此范围内执行指令。下式为理论式，实际上有计算误差，必须在比理论值小的范围内才较安全。

$$F < \frac{LR\pi}{180} \, (\text{mm/min})$$

式中　L——刀具中心距工件中心最近时，刀具中心和工件中心的距离；

　　　R——C 轴的最大切削进给速度（°/min）。

例 3-2-1　加工如图 3-2-13 所示的零件。

如图 3-2-13 所示的 X 轴（直线轴）和 C 轴（旋转轴）的极坐标插补程序如下。

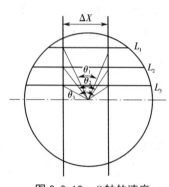

图 3-2-12　*C* 轴的速度

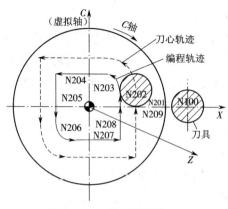

图 3-2-13　极坐标插补

O0001；

......

T0101；

......

G00 X120.0 C0 Z__；

G12.1；

G42 G01 X40.0 F__；

C10.0；

G03 X20.0 C20.0 R10.0；

G01 X-40.0；

C-10.0；

G03 X-200.0 C-20.0 I10.0 J0；

G01 X40.0；

C0；

G40 X120.0；

G13.1；

Z__；

X__C__；

......

M30；

例 3-2-2　加工如图 3-2-14 所示的六方轴。

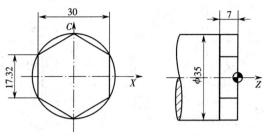

图 3-2-14 六方轴

O0011；

G98 G40 G21 G97；

T0606；

G00 X38.0 Z5.0 M75； 快速定位并把主切削动力转换到动力头

S1500 M03；

C0.0；

G17 G112； 极坐标插补有效

G01 G42 X30.0 Z2.5 F100；

Z-7.0 F90；

C8.66；

X0.0 C17.32；

X-30.0 C8.66；

C-8.66；

X0.0 C-17.32；

X30.0 C-8.66；

C0.0；

Z5.0 F500；

G40 U50.0；

G113； 取消极坐标插补

G00 X120.0 Z50.0；

M05；

G95 M76； 主切削动力转换到车床主轴

G30 U0 W0；

M30；

例 3-2-3 铣如图 3-2-15 所示的三方轴。

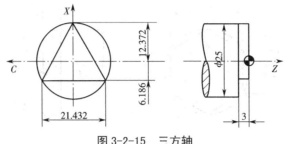

图 3-2-15　三方轴

O0012;

G98 G40 G21 G97;

T0505;

G00 X38.0 Z5.0 M75;

S1350 M03;

C0.0;

G112;

G01 G41 X24.744 Z2.0 F110;

Z-3.0 F60;

X-12.372 C-10.766;

C10.766;

X24.744 C0.0;

Z5.0 F500;

G40 LY50.0;

G113;

G00 X120.0 Z50.0;

M05;

G95 M76;　　　　　　　　　主切削动力转换到车床主轴

G30 U0 W0;

M30;

(四)柱面坐标编程(G07.1(G107))

柱面插补模式是将以角度指定的旋转轴移动量,先变换成内部的圆周上的直线轴距离和其他轴间进行直线插补、圆弧插补,插补后再逆变换成旋转轴的移动量。

柱面插补功能可在柱面侧面展开的形状下编制程序,因此柱面凸轮的沟槽加工程序很容易编制。

G7.1 IPr;　　　　　　旋转轴名称柱面半径　　　　　　　　　　　　　　　　(1)

G7.1 IP0;　　　　　　旋转轴名称 0　　　　　　　　　　　　　　　　　　　(2)

其中:IP 为回转轴地址;r 为回转半径。

以(1)的指令进入柱面插补模式,指令柱面插补的旋转轴名称。以(2)的指令解除柱面插补模式。如：

O0001；

N1 G28 X0 Z0 C0；

……

N6 G7.1 C125.0；　　　　　　进行柱面插补的旋转轴为 C 轴，柱面半径为 125 mm

……

N9 G7.1 C0；　　　　　　　柱面插补模式解除

1. 柱面插补模式和其他功能的关系

（1）柱面插补模式指定的进给速度为柱面展开面上的速度。

（2）圆弧插补（G02、G03）。

①平面选择柱面插补模式必须指令旋转轴和其他直线轴间进行柱面插补的平面选择（G17、G18、G19）。如 Z 轴和 C 轴进行圆弧插补时，设定参数 1022 的 C 轴为第 5 轴（X 轴的平行轴），此时圆弧插补指令如下：

G18 Z__ C__；

G02（G03）Z__ C__ R__；

设定参数 1022 的 C 轴为第 6 轴，此时圆弧插补指令如下：

G19 C__ Z__；

G02（G03）Z__ C__ R__；

②半径指定柱面插补模式不可用地址 I、J、K 指定圆心，必须以地址 R 指令圆弧半径。半径不用角度，而用 mm（米制时）或 in（英制时）。

（3）刀具半径补偿柱面插补模式中进行刀具半径补偿，必须和圆弧插补一样进行平面选择。刀具半径补偿必须在柱面插补补偿模式中使用或取消。在刀具半径补偿状态设定柱面插补模式，无法正确补偿。

（4）定位柱面插补模式中不可进行快速定位（含 G28、G53、G73、G74、G76、G81～G89 等快速进给为循环）。快速定位时，必须解除柱面插补模式。

（5）坐标系设定柱面插补模式中，不可使用工件坐标系（G50、G54～G59）及特定坐标系（G52）。

2. 说明

（1）G7.1 必须在单独程序段中。

（2）柱面插补模式中，不可再设定柱面插补模式，再设定时需先将原设定解除。

（3）柱面插补可设定的旋转轴只有一个，因此 G7.1 不可指令两个以上的旋转轴。

（4）快速定位模式（G00）中，不可指令柱面插补。

（5）柱面插补模式中，不可指定钻孔用固定循环（G73、G74、G76、G81～G89）。

（6）分度功能使用中，不可使用柱面插补指令。

（7）柱面插补模式中不能进行复位。

例 3-2-4　加工如图 3-2-16 所示的零件，刀具 T0101 为 ϕ8 mm 的铣刀。

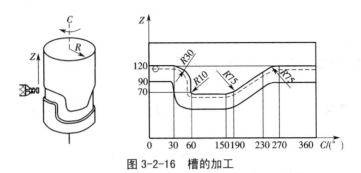

图 3-2-16　槽的加工

程序编写如下:

O0001;

G00 Z100.0 C0 T0101;

G01 G18 W0 H0;

G07.1 C57.299;

G01 G42 Z120.0 D01 F250;

C30.0;

G02 Z90.0 C60.0 R30.0;

G01 Z70.0;

G03 Z60.0 C70.0 R10.0;

G01 C150.0;

G03 Z70.0 C190.0 R75.0;

G01 Z110.0 C230.0;

G02 Z120.0 C270.0 R75.0;

G01 C360.0;

G40 Z100.0;

G07.1 C0;

M30;

(五)同步驱动

所谓同步驱动,是指主轴与动力刀具之间有固定的传动比,例如用万向轴即可实现同步驱动,如图 3-2-17 所示。

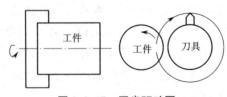

图 3-2-17　同步驱动图

通过改变工件与刀具或刀头数量回转比,就能加工出方形或六边形的工件。与使用极坐标的 C 轴和 X 轴加工多边形相比较,可以减少加工时间。然而,加工出的形状并非精确的多边形。通常,同步驱动用于加工方形或六边形的螺钉或螺母。

指令格式:

G51.2(G251)P__ Q__;

其中:P、Q 为主轴和 Y 轴的旋转比率。

定义范围:对 P 和 Q 为 1 ~ 9;Q 为正值时,Y 轴正向旋转;Q 为负值时,Y 轴反向旋转。

对于同步驱动,由 CNC 控制的轴控制刀具旋转。在以下的叙述中,该旋转轴称作 Y 轴。

Y 轴由 G51.2 指令控制使得安装于主轴上的工件和刀具的旋转速度(由 S 指令)按指定的比率运行。

例如,工件(主轴)对 Y 轴的旋转比率为 1∶2,并且 Y 轴正向旋转,指令如下:

G51.2 P1 Q2;

由 G51.2 指定同时启动时,开始检测安装在主轴上的位置编码器送来的一转信号。检测到一转信号后根据指定的回转比(P∶Q)控制 Y 轴的回转。即控制 Y 轴的旋转以使主轴和 Y 轴的回转为 P∶Q 的关系。这种关系一直保持到执行了同步驱动取消指令(GS0.2 或复位操作)。Y 轴的旋转方向取决于代码 Q,而不受位置编码的旋转方向的影响。

主轴和 Y 轴的同步驱动由下述指令取消:

G50.2(G250);

当指定 G50.2 时,主轴和 Y 轴的同步被取消,Y 轴停止。在下述情况下,该同步也被取消:

(1)切断电源;

(2)急停;

(3)伺服报警;

(4)复位(外部复位信号 ERS,复位 / 倒带信号 RRW 和 MDI 上的 RESET 键);

(5)发生 No.217 ~ No.221 P/S 报警。

当使用 1∶1 时可以用螺纹铣刀切削螺纹,只要其螺距与工件的螺距相符,即可切削不同直径的螺纹,一般径向切入即可切出与刀宽一致的一段螺纹。若工件长度大于刀宽,可以将铣刀轴向移动,但移动量应当为螺距的倍数。

例 3-2-5　如图 3-2-18 所示工件材料为黄铜,螺纹铣刀直径为 90 mm,传动比为 1∶1,切削速度为 200 m/min,进给量为 0.02 mm/r。

主轴转速用以下公式计算:

$$S=\frac{v\times 1\,000}{\pi(d_1+d_2\times i)}(\text{r/min})$$

式中　v——切削速度(m/min);

d_1——工件直径;

d_2——螺纹铣刀直径;

i——速比。

经计算 S=570 r/min。编程如下:

O0013；

G98 G40 G21 G97；

T0505；

G00 X38.0 Z5.0 M75；

S570 M03；

G51.2 P1 Q1；

G00 Z-25.5；

G00 X24.5 M08；

G01 X22.16 F0.02；   （X22.16 螺纹底径）

G04 X0.5；

G01 X24.5 F0.5

G50.2；

M76 M09；

M30；

    例 3-2-6   如图 3-2-19 所示借助同步驱动切多边形。多边形的边数为速比与刀盘上刀头数的乘积,当使用 1∶2 时,刀盘上刀头数为 3,则可车出六边形。如工件材料为青铜,刀具直径为 90 mm,工件外径为 31.2 mm,切削速度为 300 m/min。仍按上述公式计算,S=450 r/min。编程如下：

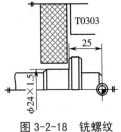

图 3-2-18　铣螺纹

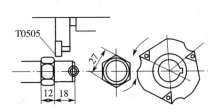

图 3-2-19　车六边形

O0014；

G98 G40 G21 G97；

T0505；

G00 X38.0 Z5.0 M75；

S570 M03；

G51.2 P1 Q2；

G00 Z-17.5；

G00 X27 M08；

G01 Z-31；

G50.2；

G76 M09；

G00 X34；

……

【任务实施】

实训步骤

（1）对图 3-2-1 所示零件进行加工工艺分析。零件的数控加工工艺卡参见表 3-2-1。

表 3-2-1 加工工艺卡

工步	工序内容	工件装夹方式	刀具选择	主轴转速 n/（r/min）	进给量 f/（mm/r）	切削深度 a_p/mm
左端加工工艺						
1	车左端面		90°右偏刀  T0505	1 600	0.2	
2	粗车、精车左端 ϕ64 mm 外圆	三爪自定心卡盘	90°右偏刀  T0505	1 000/1 600	0.2/0.08	4/0.5
3	用动力头钻 ϕ6 mm 孔		 ϕ6mm钻头T0101	2 000	0.08	Z 向深 9
	用动力头打中心孔		中心钻，钻头 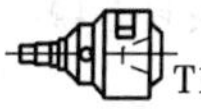 T1010	1 500	0.2	Z 向深 6
左端加工工艺						
	ϕ25 mm 钻头钻通孔	三爪自定心卡盘	 T0909	250	0.1	Z 向深 100
4	镗 ϕ45 mm 内孔		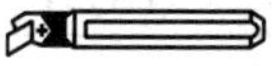 T0808镗刀	1 200	0.2	5
右端加工工艺						

工步	工序内容	工件装夹方式	刀具选择	主轴转速 $n/$（r/min）	进给量 $f/$（mm/r）	切削深度 $a_p/$mm
5	掉头车右端面,保证总长		90°右偏刀 T0101	1 600	0.2	
	粗、精车左端 ϕ55 mm外圆		90°右偏刀 T0505	1 000/1 600	0.2/0.08	4/0.5
6	ϕ20 mm立铣刀铣六边形	用铜皮包住已加工外圆	ϕ20 mm立铣刀T1111	2 000	0.1	Z向深22
7	镗内孔		T0808镗刀	1 500	0.14	2
8	倒右端 R0.5圆角		90°右偏刀 T0505	1 000/1 600	0.2/0.08	4/0.5
9	车 M30×2内螺纹		T0303内螺纹刀	800	2	

（2）对零件进行数控加工程序的编制,参考程序见表3-2-2。

（3）在仿真软件上进行程序的输入与校验。

（4）在车削中心上进行零件加工(有条件的)。

（5）对工件进行误差与质量分析。

表 3-2-2　数控加工程序（参考）

工序1:工件左侧加工程序号 O3201,装夹 ϕ70 mm 毛坯外径,伸出长 75 mm	
程序	程序说明
O3201;	
G54;	
G50 S3000;	最高限速 3 000 r/min
N1;	使用外圆刀粗车毛坯
M75;	车床模式
T0505;	
G00 X200.0 Z100.0;	
G97 S1000 M3 M8;	
G00 X75 Z0;	车端面
G01 G99 X-1.0 F0.2;	
G00 W1.0;	
X64.5;	
G01 Z-63.0;	粗车外圆
U4.0;	
W-5.0;	

U2.0;	
G00 Z1.0;	
G96 M3 S1600;	精车外圆
G01 X64.0;	
G01 Z0;	
G01 Z-63.0 F0.08;	
G02 X68.0 W-2.0 R2.0;	
G01 W-3.0;	
U2.0;	
G00 X200.0 M9;	
Z100.0 T0500;	
M5;	主轴停转
M1;	
N2（DRILL4-D6）;	进入铣床模式加工端面孔
M76;	
G28 H0;	
T0101;	
G00 X200.0 Z100.0 M8;	
G97 S2000 M3;	
G00 G99 X54.0 Z10.0;	
G83 Z-9.0 C45.0 R5.0 F0.08;	加工端面 $4\times\phi6$ mm（Z 方向动力头刀具）的孔
H90.0;	主轴转 $90°$ （增量值）
H90.0;	
H90.0;	
G80;	取消端面钻孔指令
G00 X200.0 Z100.0 T0100 M9;	
M5;	
M75;	回到车床模式
M01;	
N3（DRILL D=25）;	使用直径 $\phi25$ mm 的钻头钻通孔
T0909;	
G00 X200.0 Z105.0 M8;	
M75;	
M3 S800;	
G00 X0;	
M98 P0030 L5;	
G00 X200.0 Z100.0 T0900 M9;	
M5;	
M1;	
N4;	镗 $\phi45$ mm 内孔
T0808;	
M3 S1200;	
G00 X30.0 Z5.0 M8;	
G01 Z-60.0 F0.2;	
U-0.5;	
G00 Z1.0;	
X35.0;	
G01 Z-60.0 F0.2;	
U-0.5;	
G00 Z1.0;	

X40； G01 Z-60.0 F0.2； U-0.5； G00 Z1.0； X44.0； G01 Z-60.0 F0.2； U-0.5； G00 Z1.0； X45.0； M3 S2000； G01 Z-60.0 F0.12； X34.0； G01 X28 Z-62.0； U-0.5； G00 Z100.0 M9； X200.0 T0800 M5； M30；	

工序2：右端加工程序,掉头装夹,为避免接刀痕,将加工到 Z-32

程序	程序说明
O3202； G55； G50 S3500； N1； M75； T0505； G00 X200.0 Z150.0； G97 S1000 M3 M8； G00 X75.0 Z0； G01 G99 X-20.0 F0.2； G00 W1.0； X 68.0； G01 Z-32.0； U3.0； G00 Z2.0； G90 X64.0 Z-22.0； X60.0； X56.0； M3 S1600； G01 X55.0； G01 Z-22.0； G01 U2.0； G00 X200.0 Z150.0 T0500 M9； M5； M1； N2（MILL）； T1111； G28 H0； C00 X200.0 Z150.0； G97 S800 M3 M8；	粗车毛坯 车端面 粗车 ϕ 55 mm 外圆 精车 ϕ 55 mm 外圆 使用 Z 方向动力头加工端面六边形 ϕ 20 mm 铣刀

G40 G00 X85.0 C0；	
C00 Z-15.0；	Z方向进刀
G12.1；	使用极坐标方式
G01 G42 X63.508 C0 F0.1.；	建立刀补
X31.754 C27.5；	加工六边形，X方向直径表示，C方向半径表示
X-31.754；	
X-63.508 C0；	
X-31.754 C-27.5；	
X31.754；	
X63.508 C0；	
G01 Z-20.0；	Z方向进刀至 Z-20 mm 加工六边形
X31.754 C27.5；	
X-31.754；	
X-63.508 C0；	
X-31.754 C-27.5；	
X31.754；	
X63.508 C0；	
G01 Z-22.0；	Z方向再进刀至 Z-22 mm 加工六边形
X31.754 C27.5；	
X-31.754；	
X-63.508 C0；	
X-31.754 C-27.5；	
X31.754；	
X 63.508 C0；	
G40 G01 X85.0；	取消刀补
G13.1；	取消极坐标方式
G00 G99 X200.0 M9；	
Z150.0 T1100；	
M5；	
M75；	车床模式
M1；	
N3；	镗内孔
T0808；	
G00 X200.0 Z150.0 M75；	
G97 S1500 M3 M8；	
G00 X23.0 Z2.0；	
G71 U1.0 R0.5；	
G71 P10 Q20 U0 W0 F0.14；	
N10 G00 X44.0；	
G01 Z-8.0；	
X31.4；	倒角
W-2.0 U-4.0；	螺纹大径ϕ 27.4 mm
N20 Z-36.0；	
G00 X200.0 Z150.0 T0800 M9；	
M5；	
M1；	
N4（DA0 JIA0）；	倒ϕ 55 mm 端面圆角
T0505；	
G00 X200.0 Z150.0 M75；	
G97 S1500 M3；	

G00 X54.0 Z1.0； G01 Z0 F0.14； G03 X55.0 W-0.5 R0.5 F0.12； G01 U5.0； G00 X200.0 Z150.0 T0500； M5； M1； N5； T0303； M3 S800； G00 X26.0 Z5.0； G92 X28 Z-36 F2； X28.5； X29.0； X29.5； X29.8； X29.9； X30.0； G00 Z100.0； X200.0 T0300 M5； M30；	加工内螺纹

子程序

程序	程序说明
O0030； G00 W-100.0； G01 W-25.0； G04 X1.0； G00 W105.0； M99；	

任务三　数控车削自动编程加工

【任务描述】

按图样（图 3-3-1）所示，利用 CAXA 数控车软件完成该零件的自动编程，并车削加工达到技术要求，工时定额 120 min。

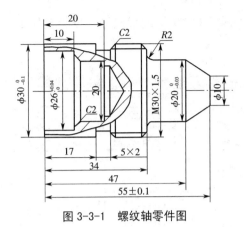

图 3-3-1　螺纹轴零件图

【任务准备】

一、实训目标

1.知识目标

（1）了解 CAXA 数控车软件的用途及其特点。

（2）掌握 CAXA 数控车自动编程的步骤。

（3）掌握粗车轮廓、精车轮廓、切槽、车螺纹功能的应用。

2.技能目标

（1）了解 CAXA 数控车自动编程的方法。

（2）能够生成刀具轨迹，并自动生成程序。

（3）能够修改参数，对自动编写的程序进行修改和优化。

（4）熟练操控数控车床进行零件加工。

3.情感目标

（1）培养学员严谨、细致、规范的职业态度。

（2）培养学生的团队合作精神。

二、知识准备

1.CAXA 软件介绍

随着制造设备的数控化率不断提高，数控加工技术在我国得到日益广泛的使用，在模具行业，掌握数控技术与否及加工过程中的数控化率高低已成为企业是否具有竞争力的象征。数控加工技术应用的关键在于计算机辅助设计和制造（CAD/CAM）系统的质量。

CAXA 数控车是在全新的数控加工平台上开发的数控车床加工编程和二维图形设计软件。CAXA 数控车具有 CAD 软件的强大绘图功能和完善的外部数据接口，可以绘制任意复杂的图形，可通过 DXF、IGES 等数据接口与其他系统交换数据。CAXA 数控车具有轨迹生成及通用后置处理功能。该软件提供了功能强大、使用简洁的轨迹生成手段，可按加工要求生成各种复杂图形的加工轨迹。通用的后置处理模块使 CAXA 数控车可以满足各种机床的代码格式,可输出 G 代码,并对生成的代码进行校验及加工仿真。 CAXA 数控车软件界面如图 3-3-2 所示。

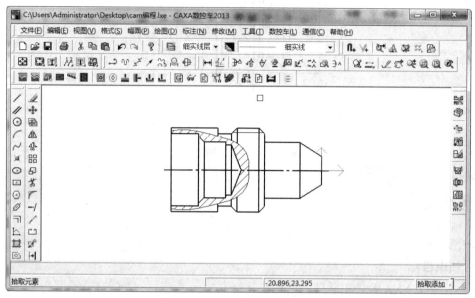

图 3-3-2　CAXA 数控车软件界面

2.CAXA 数控车自动编程的步骤

(1)配置好机床,这是正确输出代码的关键。

(2)看懂图纸,用曲线表达工件。

(3)根据工件形状,选择合适的加工方式,生成刀位轨迹。

(4)生成 G 代码,传给机床。

3. 两轴加工

在 CAXA 数控车中,机床坐标系的 Z 轴即是绝对坐标系的 X 轴,平面图形均指投影到绝对坐标系的 XOY 面的图形。

4. 轮廓

轮廓是一系列首尾相接曲线的集合,如图 3-3-3 所示。

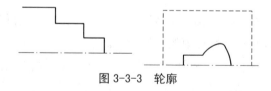

图 3-3-3　轮廓

5. 毛坯轮廓

针对粗车,需要制订被加工体的毛坯。毛坯轮廓是一系列首尾相接曲线的集合,如图 3-3-4 所示。

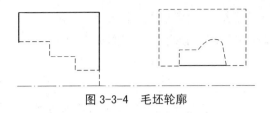

图 3-3-4 毛坯轮廓

在进行数控编程、交互指定待加工图形时，常常需要用户指定毛坯的轮廓，用来界定被加工的表面或被加工的毛坯本身。如果毛坯轮廓是用来界定被加工表面的，则要求指定的轮廓是闭合的；如果加工的是毛坯轮廓本身，则毛坯轮廓也可以不闭合。

6. 机床参数

数控车床的一些速度参数，包括主轴转速、进给速度、接近速度和退刀速度，如图 3-3-5 所示。

（1）主轴转速：切削时机床主轴转动的角速度。

（2）进给速度：正常切削时刀具行进的线速度（r/mm）。

（3）接近速度：从进刀点到切入工件前刀具行进的线速度，又称进刀速度。

（4）退刀速度：刀具离开工件回到退刀位置时刀具行进的线速度。

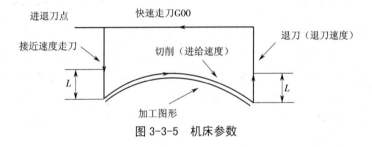

图 3-3-5 机床参数

7. 刀具轨迹和刀位点

刀具轨迹是系统按给定工艺要求生成的对给定加工图形进行切削时刀具行进的路线，如图 3-3-6 所示。系统以图形方式显示。刀具轨迹由一系列有序的刀位点和连接这些刀位点的直线（直线插补）或圆弧（圆弧插补）组成。CAXA 软件中刀具轨迹是按刀尖位置来显示的。

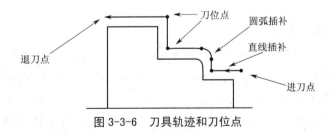

图 3-3-6 刀具轨迹和刀位点

8. 加工余量

车加工是一个去余量的过程，即从毛坯开始逐步除去多余的材料，以得到需要的零件。这种过程往往由粗加工和精加工构成，必要时还需要进行半精加工，即需经过多道工序的加工。在前一道工序中,往往需给下一道工序留下一定的余量。

实际的加工模型是指定的加工模型按给定的加工余量进行等距的结果,如图 3-3-7 所示。

9. 加工误差

刀具轨迹和实际加工模型的偏差即加工误差。可以通过制订加工误差来控制加工的精度。加工误差是刀具轨迹与加工模型之间的最大允许偏差,系统保证刀具轨迹与实际加工模型之间的偏离不大于加工误差。

根据实际工艺要求给定加工误差,如在进行粗加工时,加工误差可以较大,否则加工效率会受到不必要的影响;而进行精加工时,需根据表面要求等给定加工误差。

在两轴加工中,对于直线和圆弧的加工不存在加工误差,加工误差指对样条线进行加工时用折线段逼近样条时的误差,如图 3-3-8 所示。

图 3-3-7　加工余量　　　　　　　　图 3-3-8　加工误差

10. 加工干涉

切削被加工表面时,如刀具切到了不应该切的部分,则称为出现干涉现象,或者称为过切。在 CAXA 数控车系统中,干涉分为以下两种情况:被加工表面中存在刀具切削不到的部分时存在的过切现象;切削时刀具与未加工表面存在的过切现象。

三、设备、材料准备

1. 设备准备

(1)数控车床(有冷却装置),型号为 CK6140 或 CK6136,系统为 FANUC 0i,相应的卡盘扳手、刀架扳手。

(2)计算机一台,安装 CAXA 数控软件,并和数控车床连接。

2. 材料准备

45 钢,尺寸为 ϕ40 mm×60 mm,一件。

3. 工、刃、量、辅具准备

(1)量具:游标卡尺(0.02 mm/0～150 mm);游标深度卡尺(0.02 mm/0～200 mm);外径千分尺(0.01 mm/0～25 mm、0.01 mm/25～50 mm);内径指示表(ϕ18～35 mm);螺纹环规(M30×1.5-7H);半径样板($R2$)。

(2)刃具:机夹端面车刀、机夹外圆车刀;外三角形螺纹车刀(60°,P=2 mm);外沟槽车刀(S=5 mm,L>4 mm);不通孔车刀(ϕ16 mm×25 mm);麻花钻(ϕ18 mm)。

(3)工具、辅具:常用工具和铜皮;心轴;莫氏过渡套;钻夹头(ϕ1～13 mm);活扳手和内六角扳手;润滑剂及清扫工具等。

【任务实施】

一、实训步骤

1. 工件加工工艺分析

要求能够熟练掌握加工方案的制订,刀具、切削用量的选择,操作工序的安排和各节点坐标的分析与计算等工艺分析内容。

1)加工工艺分析

此零件属于套类零件,尺寸要求较严,因此零件的粗车、精车应分开,粗车完后先精车内孔,再精车外形,以减少切削变形。

2)内螺纹锥孔套的加工工艺流程

下料→钻孔→粗车、精车右端外形→粗车、精车外螺纹→粗车左端外形、内孔→精车左端外形、内孔。

3)内螺纹锥孔套的加工步骤

(1)坯料用三爪自定心卡盘装夹,伸出 35 mm,车端面。

(2)钻孔 ϕ 18 mm。

(3)掉头,粗车、精车零件右端外圆 $\phi 20^{0}_{-0.03}$ mm、圆弧 $R2$ mm 至精度要求,倒角 $C2$;切槽,车削 M30×1.5 的螺纹。

(4)掉头车端面控制总长(50±0.1)mm。

(5)粗车、精车左端外圆 $\phi 26^{+0.04}_{0}$ mm、$\phi 30^{0}_{-0.1}$ mm 至精度要求,倒角 $C2$。

(6)检查各尺寸合格后卸下工件。

2.CAXA 自动编程

1)绘制零件图

CAXA 数控的绘图功能与大部分 CAD 软件类似,本书不再详细讲解,其绘制的零件图如图 3-3-9 所示。

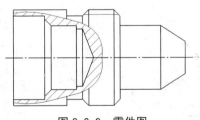

图 3-3-9　零件图

2)数控车设置

Ⅰ.刀具管理

刀具管理用于定义、确定刀具的有关数据,从刀具库中获取刀具信息和对刀具库进行维护。刀具库管理功能包括轮廓车刀(图 3-3-10)、切槽刀具、钻孔刀具、螺纹车刀、铣刀具五种刀具类型的管理。

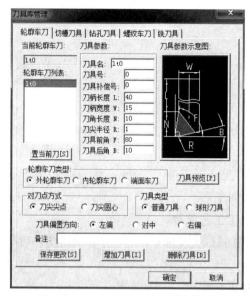

图 3-3-10　轮廓车刀的刀具库管理

Ⅱ.机床设置

机床设置是针对不同的机床、不同的数控系统,设置特定的数控代码、数控程序格式及参数,并生成配置文件。生成数控程序时,系统根据该配置文件的定义生成所需要的特定代码格式的加工指令。

机床配置提供了一种灵活方便的设置系统配置的方法。对不同的机床进行适当的配置,具有重要的实际意义。通过设置系统配置参数,后置处理所生成的数控程序可以直接输入数控机床或加工中心进行加工,而无须进行修改。如果已有的机床类型中没有所需的机床,可增加新的机床类型以满足使用需求,并可对新增的机床进行设置。机床设置的各参数如图 3-3-11 所示。

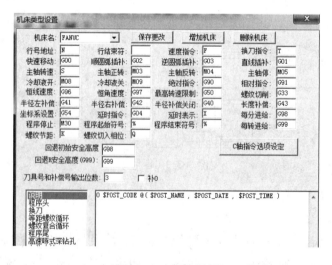

图 3-3-11　机床设置

Ⅲ.后置处理设置

后置处理设置是针对特定的机床,结合已经设置好的机床配置,对后置输出的数控程序的格式,如程序段行号、程序大小、数据格式、编程方式、圆弧控制方式等进行设置,如图3-3-12所示。本功能可以设置缺省机床及G代码输出选项。机床名选择已存在的机床名作为缺省机床。

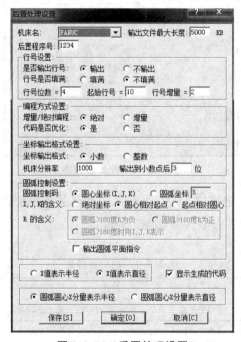

图 3-3-12　后置处理设置

3)生成轨迹

Ⅰ.粗车零件右端轮廓

选择轮廓粗车功能,用于实现对工件外轮廓表面、内轮廓表面和端面的粗车加工以及快速清除毛坯的多余部分。

轮廓粗车时,要确定被加工轮廓和毛坯轮廓。被加工轮廓就是加工结束后的工件表面轮廓,毛坯轮廓就是加工前毛坯的表面轮廓。被加工轮廓和毛坯轮廓两端点相连,两轮廓共同构成一个封闭的加工区域,在此区域的材料将被加工去除。被加工轮廓和毛坯轮廓不能单独闭合或自相交。

操作步骤如下。

(1)在菜单区中的"数控车"子菜单区中选取"轮廓粗车"菜单项,系统弹出粗车参数表,如图3-3-13所示。

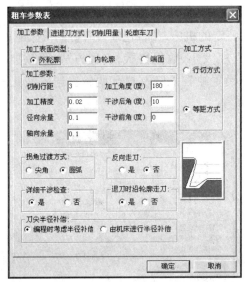

图 3-3-13　粗车参数表

　　在参数表中首先要确定被加工的是外轮廓表面还是内轮廓表面或端面,接着按加工要求确定其他各加工参数。各参数含义见表 3-3-1。

表 3-3-1　粗车参数表

加工参数		
加工表面类型	外轮廓	采用外轮廓车刀加工外轮廓,此时缺省加工方向角度为 180°
	内轮廓	采用内轮廓车刀加工内轮廓,此时缺省加工方向角度为 180°
	端面	此时缺省加工方向应垂直于系统 X 轴,即加工角度为 -90° 或 270°
加工参数	干涉后角	底切干涉检查时,确定干涉检查的角度
	干涉前角	前角干涉检查时,确定干涉检查的角度
	加工角度	刀具切削方向与机床 Z 轴(软件系统 X 正方向)正方向的夹角
	切削行距	行间切入深度,两相邻切削行之间的距离
	加工余量	加工结束后,被加工表面没有加工部分的剩余量(与最终加工结果比较)
	加工精度	按需要来控制加工的精度。对轮廓中的直线和圆弧,机床可以精确地加工;对由样条曲线组成的轮廓,系统将按给定的精度把样条转化成直线段来满足用户所需的加工精度
拐角过渡方式	圆弧	在切削过程遇到拐角时刀具从轮廓的一边到另一边的过程中,以圆弧的方式过渡
	尖角	在切削过程遇到拐角时刀具从轮廓的一边到另一边的过程中,以尖角的方式过渡
反向走刀	否	刀具按缺省方向走刀,即刀具从机床 Z 轴正向向 Z 轴负向移动
	是	刀具按与缺省方向相反的方向走刀
详细干涉检查	否	假定刀具前后干涉均为 0,对凹槽部分不做加工,以保证切削轨迹无前角及底切干涉
	是	加工凹槽时,用定义的干涉角度检查加工中是否有刀具前角及底切干涉,并按定义的干涉角度生成无干涉的切削轨迹
退刀时沿轮廓走刀	否	刀位行首末直接进退刀,不加工行与行之间的轮廓
	是	两刀位行之间如果有一段轮廓,在后一刀位行之前、之后增加对行间轮廓的加工

刀尖半径补偿	编程时考虑半径补偿	在生成加工轨迹时,系统根据当前所用刀具的刀尖半径进行补偿计算(按假想刀尖点编程),所生成代码即为已考虑半径补偿的代码,无须机床再进行刀尖半径补偿
	由机床进行半径补偿	在生成加工轨迹时,假设刀尖半径为0,按轮廓编程,不进行刀尖半径补偿计算,所生成代码在用于实际加工时应根据实际刀尖半径由机床指定补偿值
进退刀方式		
相对毛坯进刀方式		用于指定对毛坯部分进行切削时的进刀方式
相对加工表面进刀方式		用于指定对加工表面部分进行切削时的进刀方式
与加工表面成定角		指在每一切削行前加入一段与轨迹切削方向夹角成一定角度的进刀段,刀具垂直进刀到该进刀段的起点,再沿该进刀段进刀至切削行。角度定义该进刀段与轨迹切削方向的夹角,长度定义该进刀段的长度
垂直进刀		指刀具直接进刀到每一切削行的起始点
矢量进刀		指在每一切削行前加入一段与系统 X 轴(机床 Z 轴)正方向成一定夹角的进刀段,刀具进刀到该进刀段的起点,再沿该进刀段进刀至切削行。角度定义矢量(进刀段)与系统 X 轴正方向的夹角,长度定义矢量(进刀段)的长度
切削用量		
速度设定	接近速度	刀具接近工件时的进给速度
	主轴转速	机床主轴旋转的速度,计量单位是机床缺省的单位
	退刀速度	刀具离开工件的速度
主轴转速选项	恒转速	切削过程中按指定的主轴转速保持主轴转速恒定,直到下一指令改变该转速
	恒线速度	切削过程中按指定的线速度值保持线速度恒定
样条拟合方式	直线	对加工轮廓中的样条线根据给定的加工精度用直线段进行拟合
	圆弧	对加工轮廓中的样条线根据给定的加工精度用圆弧段进行拟合
轮廓车刀		
刀具名		刀具的名称,用于刀具标识和列表,刀具名是唯一的
刀具号		刀具的系列号,用于后置处理的自动换刀指令,刀具号唯一,并对应机床的刀库
刀具补偿号		刀具补偿值的序列号,其值对应于机床的数据库
刀柄长度		刀具可夹持段的长度
刀柄宽度		刀具可夹持段的宽度
刀角长度		刀具可切削段的长度
刀尖半径		刀尖部分用于切削的圆弧的半径
刀具前角		刀具前刃与工件旋转轴的夹角
当前轮廓车刀		显示当前使用的刀具的刀具名,当前刀具就是在加工中要使用的刀具,在加工轨迹的生成中要使用当前刀具的刀具参数
轮廓车刀列表		显示刀具库中所有同类型刀具的名称,可通过鼠标或键盘的上下键选择不同的刀具名,刀具参数表中将显示所选刀具的参数,用鼠标双击所选的刀具还能将其置为当前刀具

(2)确定参数后,拾取被加工轮廓和毛坯轮廓(图3-3-14),此时可使用系统提供的轮廓拾取工具,对于多段曲线组成的轮廓使用"限制链拾取"将极大地方便拾取。采用"链拾取"和"限制链拾取"时的拾取箭头方向与实际的加工方向无关。

（3）确定进退刀点，指定一点为刀具加工前和加工后所在的位置，按鼠标右键可忽略该点的输入。

（4）完成上述操作后即可生成刀具轨迹，如图3-3-15所示。

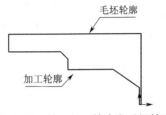
图 3-3-14　拾取加工轮廓和毛坯轮廓

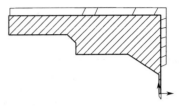
图 3-3-15　粗车刀具轨迹

Ⅱ．精车零件右端轮廓

选择轮廓精车功能，实现对工件外轮廓表面、内轮廓表面和端面的精车加工。轮廓精车时，要确定被加工轮廓，被加工轮廓就是加工结束后的工件表面轮廓，被加工轮廓不能闭合或自相交。

操作步骤如下。

（1）在菜单区中的"数控车"子菜单区中选取"轮廓精车"菜单项，系统弹出加工参数表，按加工要求确定其他各加工参数。

（2）确定参数后拾取被加工轮廓，此时可使用系统提供的轮廓拾取工具。

（3）选择完轮廓后确定进退刀点，指定一点为刀具加工前和加工后所在的位置。

（4）完成上述步骤后即可生成精车加工轨迹，刀具轨迹如图3-3-16所示。

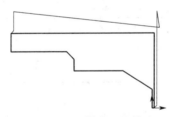
图 3-3-16　精车刀具轨迹

Ⅲ．车削退刀槽

选择切槽功能，用于在工件外轮廓表面、内轮廓表面和端面切槽。切槽时要确定被加工轮廓，被加工轮廓就是加工结束后的工件表面轮廓，被加工轮廓不能闭合或自相交。

操作步骤如下。

（1）在菜单区中的"数控车"子菜单区中选取"车槽"菜单项，系统弹出加工参数表。在参数表中首先要确定被加工的是外轮廓表面还是内轮廓表面或端面，接着按加工要求确定其他各加工参数。切槽参数见表3-3-2。

表 3-3-2　切槽参数表

切槽参数		
加工轮廓类型	外轮廓	外轮廓切槽,或用切槽刀加工外轮廓
	内轮廓	内轮廓切槽,或用切槽刀加工内轮廓
	端面	端面切槽,或用切槽刀加工端面
加工工艺类型	粗加工	对槽只进行粗加工
	精加工	对槽只进行精加工
	粗加工 + 精加工	对槽进行粗加工之后接着进行精加工
拐角过渡方式	圆角	在切削过程遇到拐角时,刀具从轮廓的一边到另一边的过程中,以圆弧的方式过渡
	尖角	在切削过程遇到拐角时,刀具从轮廓的一边到另一边的过程中,以尖角的方式过渡
粗加工参数	延迟时间	粗车槽时,刀具在槽的底部停留的时间
	切深平移量	粗车槽时,刀具每一次纵向切槽的切入量(机床 X 向)
	水平平移量	粗车槽时,刀具切到指定的切深平移量后进行下一次切削前的水平平移量(机床 Z 向)
	退刀距离	粗车槽中进行下一行切削前退刀到槽外的距离
	加工余量	粗加工时,被加工表面未加工部分的预留量
精加工参数	切削行距	精加工行与行之间的距离
	切削行数	精加工刀位轨迹的加工行数,不包括最后一行的重复次数
	退刀距离	精加工中切削完一行之后,进行下一行切削前退刀的距离
	加工余量	精加工时,被加工表面未加工部分的预留量
	末行加工次数	精车槽时,为提高加工的表面质量,最后一行常常在相同进给量的情况下进行多次车削,该处定义多次切削的次数

（2）确定参数后拾取被加工轮廓,如图 3-3-17 所示。

（3）选择完轮廓后确定进退刀点。

（4）完成上述步骤后即可生成切槽加工轨迹,如图 3-3-18 所示。

图 3-3-17　拾取切槽轮廓线

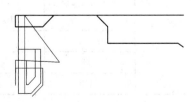

图 3-3-18　切槽刀具轨迹

Ⅳ. 车削螺纹

选择车螺纹功能,为非固定循环方式加工螺纹,可对螺纹加工中的各种工艺条件、加工方式进行更为灵活的控制。

操作步骤如下。

(1)在"数控车"子菜单区中选取"螺纹固定循环"功能项,依次拾取螺纹起点、终点,如图 3-3-19 所示。

(2)拾取完毕,弹出加工参数表。前面拾取的点的坐标也将显示在参数表中。在该参数表中确定各加工参数。车削螺纹参数见表 3-3-3。

表 3-3-3　车削螺纹参数表

螺纹参数		
起点坐标		车螺纹的起始点坐标,单位为 mm
终点坐标		车螺纹的终止点坐标,单位为 mm
螺纹长度		螺纹起始点到终止点的距离
螺纹牙高		螺纹牙的高度
螺纹头数		螺纹起始点到终止点之间的牙数
螺纹节距	恒定节距	两个相邻螺纹轮廓上对应点之间的距离为恒定值
	节距	恒定节距值
	变节距	两个相邻螺纹轮廓上对应点之间的距离为变化的值
	始节距	起始端螺纹的节距
	末节距	终止端螺纹的节距
螺纹加工参数		
加工工艺	粗加工	指直接采用粗切方式加工螺纹
	粗加工 + 精加工方式	指根据指定的粗加工深度进行粗切后,再采用精切方式(如采用更小的行距)切除剩余余量(精加工深度)
末刀走刀次数		为提高加工质量,最后一个切削行有时需要重复走刀多次,此时需要指定重复走刀次数
螺纹总深		螺纹粗加工和精加工总的切深量
粗加工深度		螺纹粗加工的切深量
精加工深度		螺纹精加工的切深量
每行切削用量	恒定行距	加工时沿恒定的行距进行加工
	恒定切削面积	为保证每次切削的切削面积恒定,各次切削深度将逐步减小,直至等于最小行距。用户需指定第一刀行距及最小行距。吃刀深度规定如下:第 n 刀的吃刀深度为第一刀吃刀深度的 $\sqrt{n}$ 倍
	变节距	两个相邻螺纹轮廓上对应点之间的距离为变化的值
	始节距	起始端螺纹的节距
	末节距	终止端螺纹的节距

	沿牙槽中心线	切入时沿牙槽中心线
每行切入方式	沿牙槽右侧	切入时沿牙槽右侧
	左右交替	切入时沿牙槽左右交替

（3）参数填写完毕，选择确认按钮，即生成螺纹车削刀具轨迹，如图 3-3-20 所示。

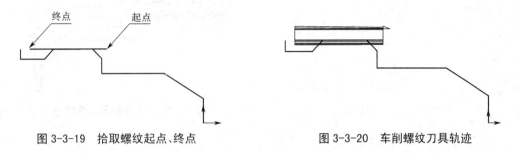

图 3-3-19　拾取螺纹起点、终点　　　　图 3-3-20　车削螺纹刀具轨迹

4）修改轨迹

如果对生成的轨迹不满意时，可以用参数修改功能对轨迹的各种参数进行修改，以生成新的加工轨迹。

操作步骤如下。

（1）在"数控车"子菜单区中选取"参数修改"菜单项，则提示用户拾取要进行参数修改的加工轨迹。

（2）拾取轨迹后将弹出该轨迹的参数表供用户修改。

（3）参数修改完毕选取"确定"按钮，即依据新的参数重新生成该轨迹。

5）生成程序

生成代码是按照当前机床类型的配置要求，把已经生成的加工轨迹转化生成 G 代码数据文件，即 CNC 数控程序，有了数控程序就可以直接输入机床进行数控加工。

操作步骤如下。

（1）在"数控车"子菜单区中选取"生成代码"功能项，则弹出一个需要用户输入文件名的对话框，要求用户填写后置程序文件名，如图 3-3-21 所示。此外，系统还在信息提示区给出当前生成的数控程序所适用的数控系统和机床系统信息，它表明目前所调用的机床配置和后置设置情况。

（2）输入文件名后选择"保存"按钮，系统提示拾取加工轨迹。当拾取到加工轨迹后，该加工轨迹变为被拾取颜色，单击鼠标右键结束拾取，即生成数控程序。拾取时可使用系统提供的拾取工具，可以同时拾取多个加工轨迹，被拾取轨迹的代码将生成在一个文件当中，生成的先后顺序与拾取的先后顺序相同，如图 3-3-22 所示。

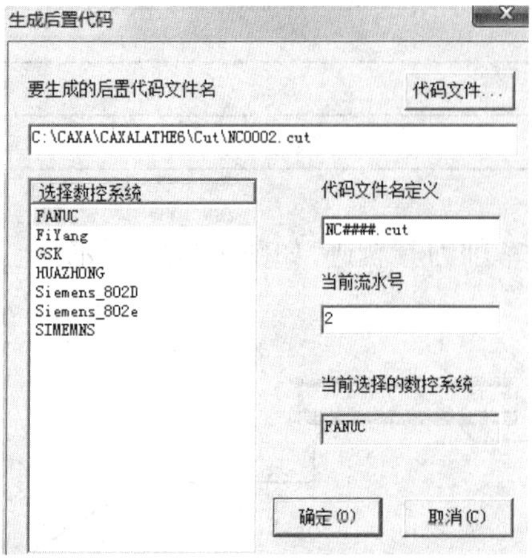

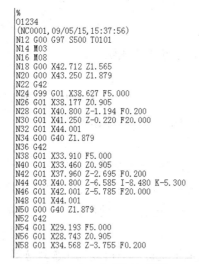

图 3-3-21　生成代码

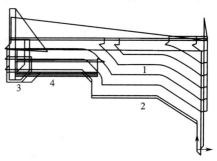

图 3-3-22　依次拾取刀具轨迹

（3）生成程序，如图 3-3-23 所示。

3. 传输程序和程序校验

在计算机和机床用 RS-232 串口通信时，CAXA 软件可将生成程序直接传输到数控机床中。

操作步骤如下。

（1）在"通信"子菜单区中选取"发送"功能项，如图 3-3-24 所示。

```
%
O1234
(NC0001,09/05/15,15:37:56)
N12 G00 G97 S500 T0101
N14 M03
N16 M08
N18 G00 X42.712 Z1.565
N20 G00 X43.250 Z1.879
N22 G42
N24 G99 G01 X38.627 F5.000
N26 G01 X38.177 Z0.905
N28 G01 X40.800 Z-1.194 F0.200
N30 G01 X41.250 Z-0.220 F20.000
N32 G01 X44.001
N34 G01 G40 Z1.879
N36 G42
N38 G01 X33.910 F5.000
N40 G01 X33.460 Z0.905
N42 G01 X37.960 Z-2.695 F0.200
N44 G03 X40.800 Z-6.585 I-8.480 K-5.300
N46 G01 X42.001 Z-5.785 F20.000
N48 G01 X44.001
N50 G00 G40 Z1.879
N52 G42
N54 G01 X29.193 F5.000
N56 G01 X28.743 Z0.905
N58 G01 X34.568 Z-3.755 F0.200
```

图 3-3-23　生成程序截图

图 3-3-24　程序传输

（2）通过图形模拟功能或空运行加工进行程序试运行校验及修整，要求熟练掌握 MDI 操作面板和机床操作面板的操控。

4. 数控车床的对刀及参数设定

根据相关要求对数控车床进行对刀及参数设定。

5. 数控车床的自动加工

熟练掌握数控车床控制面板的操作，在自动加工中，对加工路线轨迹和切削用量做到及时监控并有效调整。

6. 对工件进行误差与质量分析

按图纸和技术要求分析规定项目要求，对工件进行测量和对比校验，如有尺寸和形位误差或表面加工质量误差，应及时调整并修复。

项目四　复杂组合零件的车削加工

任务一　变导程螺纹轴的加工

【任务描述】

按图样(图4-1-1)所示,完成变导程螺纹轴车削加工并达到技术要求,工时定额300 min。

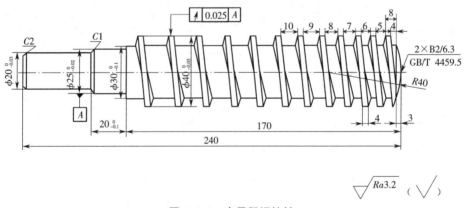

图 4-1-1　变导程螺纹轴

【任务准备】

一、实训目标

1.知识目标

(1)了解变导程螺纹的工艺特点及用途,掌握变导程螺纹的切削方法。

(2)掌握变导程螺纹加工的编程指令。

2.技能目标

(1)了解变导程螺纹轴的装夹方法。

(2)掌握变导程螺纹轴的加工方法。

(3)会运用编程指令对变导程螺纹轴进行编程。

（4）熟练操控数控车床进行零件加工。

3. 情感目标

（1）培养学员严谨、细致、规范的职业态度。

（2）培养学生的团队合作精神。

二、知识准备

1. 基本概念

变导程螺纹是一个按某些规律变化的不等距螺纹导程。

2. 变导程螺纹的一般技术要求

（1）尺寸精度：较高的尺寸精度，尺寸公差等级为IT6。

（2）较小的表面粗糙度值：$Ra1.6\mu m$。

（3）几何公差：等级为 IT7。

3. 变导程螺纹的加工工艺特点

（1）加工变导程螺纹时，螺纹车刀切削刃上任意一点的轨迹都是一条螺旋线，沿圆周展开为一条直线，所以变导程螺旋线的相邻圆周直线段的斜率不同，每一直线段的螺纹升角也就不一样。

（2）在切削变导程螺纹过程中，因螺距增大，刀具切削力也随之增大，进而刀具磨损增大，引起工件尺寸变化，导致加工精度不易保证。

（3）由于螺纹升角的不断增大，刀具后角变大，刀具强度降低。

4. 变导程螺纹的种类

变导程螺纹的应用范围十分广泛，如饮料灌装机械的主传动部分的变导程螺旋杆、塑料挤出机中的螺杆、绞肉机中的螺旋杆以及船舶上的变导程螺旋桨等。根据用途不同，变导程螺纹分为以下两种。

（1）等槽变牙宽变导程螺纹：也就是槽宽相等、牙宽均匀变化的变导程螺纹。在数控车床上可以用一定宽度的螺纹刀和变导程螺纹的切削指令 G34 进行加工。等槽变牙宽变导程螺纹如图 4-1-2 所示。

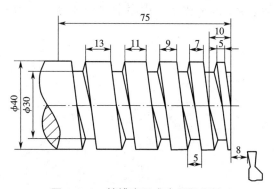

图 4-1-2　等槽变牙宽变导程螺纹

（2）等牙变槽宽变导程螺纹：也就是牙宽相等、槽宽均匀变化的变导程螺纹。在数控车床上可以用小于第一个槽宽的螺纹刀和变导程螺纹的切削指令 G34 及宏程序进行加工。等牙变槽宽变导程螺纹如图 4-1-3 所示。

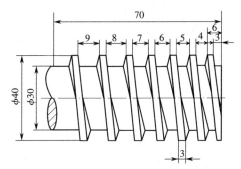

图 4-1-3　等牙变槽宽变导程螺纹

5. 变导程螺纹的装夹方法

一夹一顶装夹车削变导程螺纹。采用这种装夹方法，工件的装夹刚性较好，应用较为广泛，但工件掉头后的同轴度难以保证。

6. 变导程螺纹的编程指令 G34

数控车床具有变导程螺纹车削功能，主要能加工一些导程不相等的螺纹。

指令格式：

G34 X（U）___ Z（W）___ F___ K___ ；

其中：X、Z——绝对编程时，有效螺纹终点在工件坐标系中的坐标；

U、W——增量编程时，有效螺纹终点相对于螺纹起点的增量；

F——螺纹起点处的导程；

K——螺纹导程的变化量，其增（减）量的范围在系统参数中设定。

例 4-1-1　用 G34 指令对如图 4-1-2 所示的工件编写变导程螺纹程序。

根据图形选用刀宽为 5 mm 的矩形螺纹车刀，采用直进法分层切削螺纹，切削时每次 X 向的进给量为 0.2 mm。螺纹切削起点位置距右端面 8 mm 处（变导程螺纹的第一个导程标注是 10 mm 减去导程变化量 2 mm，也就是程序中 G34 指令的 F 值应为 8 mm）。参考程序见表 4-1-1。

表 4-1-1 例 4-1-1 参考程序

程序	程序说明
O4001;	主程序
T0101 M03 S100;	采用 5 mm 矩形螺纹刀,主轴正转,转速 100 r/min
G00 X39.8 Z8.0;	刀具快速定位到螺纹加工起点
M98 P0001;	调用螺纹加工子程序
G00 X39.6 Z8.0;	刀具快速定位到第二螺纹加工起点
M98 P0001;	X 向每次递进 0.2 mm,重复调用螺纹子程序进行螺纹粗加工
......	
G00 X30.05 Z8.0;	
M98 P0001;	螺纹精加工
G00 X30.0 Z8.0;	
M98 P0001;	
G00 X100.0 Z100.0;	
M30;	程序结束
O0001;	子程序
G34 Z-70.0 F8.0 K2.0;	变导程螺纹加工
G00 X42.0;	X 向退刀
Z8.0;	Z 向返回加工起点
M99;	子程序结束

例 4-1-2 用 G34 指令对如图 4-1-3 所示的工件编写变导程螺纹程序。

(1)根据图形选用刀宽为 2 mm 的矩形螺纹车刀,采用直进法分层切削螺纹,切削时每次 X 向的进给量为 0.2 mm。螺纹切削起点位置在距右端面 5 mm 处(变导程螺纹的第一个导程标注是 6 mm 减去导程变化量 1 mm,也就是程序中 G34 指令的起始 F 值应为 5 mm)。

(2)对于等牙变槽宽变导程螺纹的槽宽,是按导程增量递增或递减变化的。这就是说,在单次的切削螺纹过程中,刀具经过每个牙槽时所切到的宽度增量也应是按递增或递减变化的。而刀具宽度是一定的,可通过改变每刀切削时的导程 F 来逐牙轴向递进完成切削。每刀切削时的导程 F 计算见表 4-1-2。

表 4-1-2 每次切削时的导程计算

指令格式	每次切削时的导程计算
G34 X(U)__ Z(W)__ F(f_n)__ K__;	$f_0 = f_0$
G34 X(U)__ Z(W)__ F(f_1)__ K__;	$f_1 = f_0 + K/n$
G34 X(U)__ Z(W)__ F(f_2)__ K__;	$f_2 = f_0 + 2K/n$
......	......
G34 X(U)__ Z(W)__ F(f_n)__ K__;	$f_n = f_0 + nK/n = f_0 + K$

说明:

f_0——起始切削等牙变槽宽变导程螺纹的导程值,本例起始导程为 5 mm;

f_1——第一次切削等牙变槽宽变导程螺纹的导程值;

f_n——第 n 次切削等牙变槽宽变导程螺纹的导程值,本例中为 5 mm+1 mm=6 mm;

n——完成等牙变槽宽变导程螺纹切削的总次数，$n_{最小}=L_n/T$，其中 L_n 为螺纹有效切削范围内最大的槽宽（本例中 L_n=8 mm），T 为刀宽（本例中 T=2 mm），则本例中 $n_{最小}$=8/2=4 次，取 n=5 次。

注：每次起始螺距增加为 K/n，本例 K/n=1/5=0.2 mm。

参考程序（本例采用宏程序编程）见表 4-1-3。

表 4-1-3　例 4-1-2 参考程序

程序	程序说明
O4002; T0101 M03 S100; G00 X40.0 Z5.0; M98 P500002; G00 X100.0 Z100.0; M30;	主程序 采用 2 mm 矩形螺纹刀，主轴正转，转速为 100 r/min 刀具快速定位到螺纹加工起点 调用螺纹加工子程序 50 次 快速退刀 主程序结束
O0002; G00 U-0.2; #1=5.0; WHILE[#1 LE 6] D01; G34 Z-70.0 F#1 K1.0; G00 U12.0; Z5.0; U-12.0; #1=#1+0.2; END1; M99;	子程序 每刀的背吃刀量为 0.2 mm 起始螺距为 5 mm 条件判别起始螺距小于 6 mm 时开始循环加工 变螺距切削，每转螺距增加 1 mm X 向退刀，退出牙深 Z 向退刀，回到加工起点 X 向进刀，进到加工起点 起始螺距增加 0.2 mm 子程序结束

三、设备、材料准备

1. 设备准备

数控车床（有冷却装置），型号为 CK6140 或 CK6136，系统为 FANUC 0i，相应的卡盘扳手、刀架扳手。

2. 材料准备

45 钢，尺寸为 ϕ45 mm×245 mm，一件。

3. 工、刃、量、辅具准备

（1）量具：游标卡尺（0.02 mm/0～300 mm）；游标深度卡尺（0.02 mm/0～200 mm）；外径千分尺（0.01 mm/0～25 mm、0.01 mm/25～50 mm）；指示表和磁性表座。

（2）刃具：机夹端面车刀、机夹外圆车刀；矩形螺纹车刀（刀头宽 2 mm）；中心钻（B2 mm）。

（3）工具、辅具：常用工具和铜皮；活顶尖；莫氏过渡套；钻夹头（ϕ1～13 mm）；活扳手和内六角扳手；润滑剂及清扫工具等。

【任务实施】

一、实训步骤

1. 工件加工工艺分析

要求能够熟练掌握加工方案的制订,刀具切削用量的选择,操作工序的安排和各节点坐标的分析与计算等工艺分析内容。

1) 变导程螺纹轴的工艺分析

(1)该件尺寸要求较严,左端有 $\phi 25_{-0.02}^{0}$ mm、$\phi 20_{-0.03}^{0}$ mm 外圆,右端有变导程矩形螺纹;变导程矩形螺纹的外圆与 $\phi 25_{-0.02}^{0}$ mm 外圆有圆跳动公差 0.025 mm,加工时两处外圆应在一次装夹中加工。

(2)根据图形选用刀宽为 2 mm 的矩形螺纹车刀,采用直进法分层切削螺纹。切削时每次 X 向的进给量为 0.2 mm,螺纹导程的变化量 K 为 1 mm。螺纹切削起点位置距右端面 4 mm 处(变导程螺纹的第一个导程标注是 8 mm 减去导程变化量 1 mm,也就是程序中 G34 指令的起始 F 值应为 7 mm)。最后一次切削,等牙变槽宽变导程螺纹的导程值 $f_n = f_0 + nK/n = f_0 + K = 7 + 1 = 8$ mm,本例中为 5 mm+1 mm=6 mm;完成等牙变槽宽变导程螺纹切削的总次数 $n = L_n/T = 15$ mm/3 mm=5 次,取 6 次。每次起始螺距增加为 $K/n = 1$ mm/6=0.167 mm。

(3)零件轮廓采用 G71 复合循环指令,变导程螺纹采用 G34 指令和宏程序进行编程加工。

(4)每次装夹时都将工件的坐标系原点设定在其装夹后的工件右端面中心上。工件加工程序的起始点和换刀点都设在 $X100.0$、$Z10.0$ 位置。

2) 变导程螺纹轴的加工工艺流程

下料→车两端端面、钻中心孔、控制总长→一夹一顶并粗车、精车左端外形→掉头粗车、精车右端变导程螺纹和圆弧。

3) 变导程螺纹轴的加工步骤

(1)坯料用三爪自定心卡盘装夹,车左端面,钻中心孔。

(2)掉头车右端面并控制总长 240 mm,钻中心孔。

(3)一夹一顶粗车、精车左端外形 $\phi 20_{-0.03}^{0}$ mm、$\phi 25_{-0.02}^{0}$ mm 和 $\phi 40_{-0.05}^{0}$ mm 外圆至尺寸要求,保证长度 $20_{-0.1}^{0}$ mm、170 mm,倒角 $C1$。

(4)垫铜皮夹住 $\phi 40_{-0.05}^{0}$ mm 外圆,加工 $R40$ mm 圆弧。

(5)掉头一夹一顶并粗车、精车右端变导程螺纹轴至尺寸要求。

(6)检查各尺寸合格后卸下工件。

2. 对零件进行数控加工程序的编制

参考程序见表 4-1-4。

表 4-1-4 变导程螺纹轴数控加工程序卡(供参考)

数控车床程序卡	编程原点	工件前端面与轴线交点		编程系统	FANUC 0i
	零件名称	变导程螺纹轴	零件图号	图 4-1-1	材料	45 钢
	机床型号	CK6140	夹具名称	三爪自定心卡盘	实训车间	数控实训场

工序 1：(手动车端面，钻中心孔) 用一夹一顶夹持毛坯外圆，粗车、精车左端轮廓

程序	程序说明
O4101；	程序名
G50 X100.0 Z10.0；	建立工件坐标系
T0101 M03 S800；	主轴正转 800 r/min，选择 1 号外圆车刀
G00 G99 X50.0 75.0；	快速定位至 φ 50 mm 直径，距端面正向 5 mm
G71 U2.0 R1.0；	用 G71 复合循环粗车左端外轮廓
G71 P10 Q20 150.5 W0.1 F0.2；	左端外轮廓精加工程序
N10 G00 X16.0 S1500；	G70 精车指令
G01 Z0.0 F0.1；	返回刀具换刀点，停主轴
X20.0 Z-2.0；	程序结束
Z-50.0；	
X23.0；	
X25.0 W-1.0；	
Z-70.0；	
X40.0；	
Z-235.0；	
N20 X45.0；	
G70 P10 Q20；	
G00 X100.0 Z10.0；	
M05；	
M30；	

工序 2：掉头用三爪自定心卡盘夹持 φ 40 mm 外圆找正，车总长，粗车、精车右端圆弧

程序	程序说明
O4102；	程序号
G50 X100.0 Z10.0；	建立工件坐标系
T0202 M03 S800；	主轴正转 800 r/min，选择 2 号车端面车刀
G00 G99 X45.0 Z5.0；	快速定位至 φ 45 mm 直径，距端面正向 5 mm
G94 X0.0 Z1.0 F0.3；	G94 端面固定循环车总长
Z0.0；	快速定位至 φ 45 mm 直径，距端面正向 2 mm
G00 X45.0 Z2.0；	用 G72 端面复合循环粗车右端外圆弧
G72 W2.0 R1.0；	右端圆弧精加工程序
G72 P10 Q20 U0.2 W0.2 F0.2；	G70 精车指令
N10 G00 Z-5.359 S1000；	返回刀具换刀点，停主轴
G01 X40.0 F0.1；	程序结束
G02 X0.0 Z0.0 R40.0；	
N20 G01 Z1.0；	
G70 P10 Q220；	
G00 X100.0 Z100.0 M05；	
M30；	

| 工序 3:用一夹一顶装夹,精车右端变导程螺纹 ||
程序	程序说明
O4103;	程序名
G50 X100.0 Z10.0;	建立工件坐标系
T0303 M03 S100;	主轴正转 100 r/min,选择 3 号矩形螺纹车刀
G00 G99 X40.0 Z4.0;	快速定位至 ϕ 40 mm 直径,距端面正向 4 mm
M98 P500022;	调用螺纹加工子程序 50 次
G00 X100.0 Z10.0;	返回刀具换刀点,停主轴
M05;	程序结束
M30;	

| 子程序 ||
程序	程序说明
O0022;	程序名
G01 U-0.2;	每刀的背吃刀量为 0.2 mm
#1=7.0;	起始螺距为 7 mm
WHILE [#1 LE 8] D01;	条件判别起始螺距小于 8 mm 时开始循环加工
G34 Z-170.0 F#1 K1.0;	变螺距切削,每转螺距增加 1 mm
G00 U12.0;	X 向退刀,退出牙深
Z4.0;	Z 向退刀,回到加工起点
U-12.0;	X 向进刀,进到加工起点
#1=#1+0.167;	起始螺距增加 0.167 mm
END1;	循环结束
M99;	子程序结束

3. 程序输入和程序校验

输入程序并通过图形模拟功能或空运行加工进行程序试运行校验及修整,要求熟练掌握 MDI 操作面板、机床操作面板的操控。

4. 数控车床的对刀及参数设定

根据相关要求对数控车床进行对刀及参数设定。

5. 数控车床的自动加工

熟练掌握数控车床控制面板的操作,在自动加工中,对加工路线轨迹和切削用量做到及时监控并有效调整。

6. 对工件进行误差与质量分析

按图纸和技术要求,对工件进行测量和对比校验,如有尺寸和形位误差或表面加工质量误差,应及时调整并修复。

二、实训注意事项

1. 编程加工要点

(1)合理选择刀具的宽度。

(2)正确设定螺纹起点处的导程 F 和起刀点的位置。

(3)由于变导程螺纹的螺纹升角随着导程的增加而变大,所以刀具沿走刀方向的后角值应为工作后角加上最大螺纹升角。

2. 检测要点

(1)外圆尺寸可用外径千分尺直接检测。

(2)牙宽可用游标卡尺检测。

(3)位置公差的检测。圆跳动可把工件安放在正摆仪上用指示表间接检测。

(4)表面粗糙度的检测。可用光学仪器或表面粗糙度比较样块对照检测。

3. 安全要点

(1)加工变导程螺纹时,由于导程的增大使切削力也变大,应防止打刀和工件打滑。

(2)变导程螺纹导程大,走刀速度快,车削时要防止车刀、刀架碰撞卡盘和尾座。

(3)车削变导程螺纹时一定要集中精力,防止发生碰撞。

(4)不允许用棉纱擦拭工件,以防发生安全事故。

任务二　梯形螺纹轴和沟槽配合件的加工

【任务描述】

按图样(图 4-2-1 至图 4-2-6)完成梯形螺纹轴和沟槽配合件的车削加工并达到技术要求,工时定额 360 min。

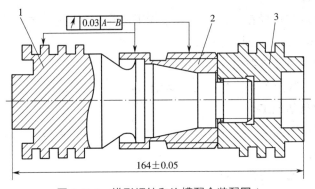

图 4-2-1　梯形螺纹和沟槽配合装配图 1

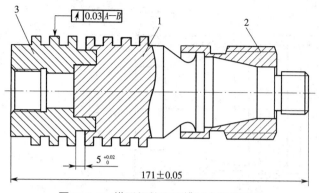

图 4-2-2　梯形螺纹和沟槽配合装配图 2

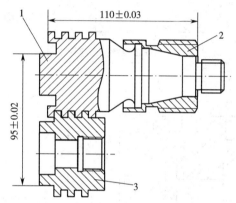

图 4-2-3　梯形螺纹和沟槽配合装配图 3

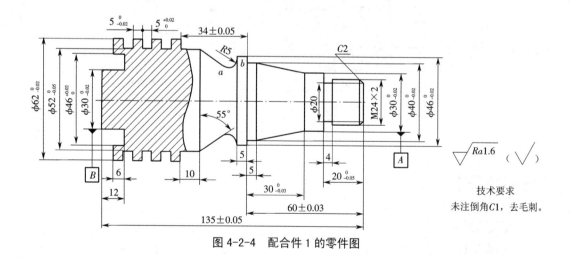

图 4-2-4　配合件 1 的零件图

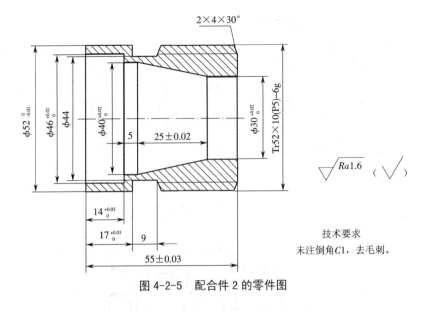

图 4-2-5　配合件 2 的零件图

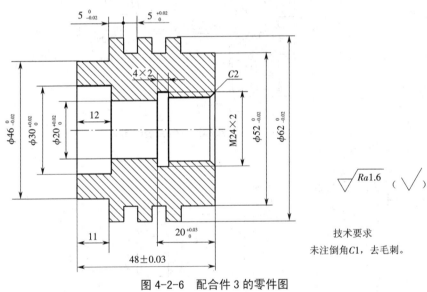

图 4-2-6　配合件 3 的零件图

【任务准备】

一、实训目标

1. 知识目标

（1）了解梯形螺纹和沟槽配合件的技术要求。

（2）会合理分析梯形螺纹和沟槽配合件的工艺步骤。

（3）掌握梯形螺纹和沟槽配合件的加工方法。

（4）掌握梯形螺纹和沟槽配合件的配合性质和测量方法。

2. 技能目标

（1）了解梯形螺纹和沟槽配合件的配合要求。

（2）掌握梯形螺纹和沟槽配合件的车削技能和技巧。

（3）会运用编程指令对梯形螺纹和沟槽配合件进行编程。

（4）熟练使用数控车床进行零件的数控加工。

3. 情感目标

（1）培养学员严谨、细致、规范的职业态度。

（2）培养学生的团队合作精神。

二、知识准备

1. 基本概念

有梯形螺纹并带沟槽、端面槽配合的组合件，不仅要使单件零件符合一定的精度要求，而且在组合后还要达到一定的配合尺寸和间隙要求。

2. 梯形螺纹和沟槽配合件的一般技术要求

（1）尺寸精度：较高的尺寸精度。

（2）较小的表面粗糙度值：$Ra1.6\mu m$。

（3）几何公差：有圆度公差、同轴度公差、圆跳动公差等要求。

（4）配合公差等级达到 IT7 级。

3. 梯形螺纹和沟槽配合件加工时所用到的刀具、刃具

端面车刀、外圆车刀、成形车刀、车槽刀、切断刀、端面槽车刀、车孔刀、梯形螺纹车刀、三角形螺纹车刀、麻花钻、中心钻。

4. 梯形螺纹和沟槽配合件的装夹方法

件 1 粗车用一夹一顶，精车用双顶尖装夹；件 2 车梯形螺纹用一夹一顶装夹；件 3 直接用三爪自定心卡盘装夹。

5. 梯形螺纹和沟槽配合件的车削方法

梯形螺纹和沟槽配合件的车削方法采用先将件 1 的外形粗车、精车完成后，然后再车削件 2 外形，车内形时与件 1 配车控制配合长度（110±0.03）mm。车件 3 的左端并与件 1 端面槽配合控制配合间隙（5±0.02）mm，掉头车削件 3 的右端并与件 1 的螺纹配合控制配合长度（164±0.05）mm 和外沟槽配合控制配合长度（95±0.02）mm，最后自然形成配合长度（171±0.05）mm。

三、设备、材料准备

1. 设备准备

数控车床（有冷却装置），型号为 CK6140 或 CK6136，系统为 FANUC 0i，相应的卡盘扳手、刀架扳手。

2. 材料准备

45 钢，尺寸为 $\phi 65$ mm×140 mm、$\phi 55$ mm×65 mm 和 $\phi 65$ mm×55 mm，各一件。

3. 工、刃、量、辅具准备

（1）量具：游标卡尺（0.02 mm/0～200 mm）；游标深度卡尺（0.02 mm/0～200 mm）；外径千分尺（0.01 mm/0～25 mm、0.01 mm/25～50 mm、0.01 mm/50～75 mm、0.01 mm/75～100 mm、0.01 mm/100～125 mm、0.01 mm/125～150 mm、0.01 mm/150～175 mm）；内径指示表（φ18～35 mm、φ35～50 mm、φ50～160 mm）；量针（φ2.59 mm）三根及公法线千分尺；游标万能角度尺（0°～320°）；螺纹环规（M24×2）、螺纹塞规（M24×2）；磁性表座；半径样板（R5 mm）。

（2）刃具：机夹端面车刀、机夹外圆车刀、成形车刀；外切槽车刀（5 mm×8 mm）；内切槽车刀（4 mm×3 mm）；端面槽车刀（4 mm×13 mm）；内孔车刀（φ20 mm×35 mm、φ30 mm×60 mm）；内、外三角形螺纹车刀（M24×2）；梯形螺纹车刀；中心钻（A2 mm）；麻花钻（φ18 mm、φ28 mm）。

（3）工具、辅具：前、后顶尖；鸡心夹头；莫氏过渡套；活扳手和六角扳手；红丹粉；润滑及清扫工具等。

【任务实施】

一、实训步骤

1. 工件加工工艺分析

要求能够熟练掌握加工方案的制订，刀具、切削用量的选择，操作工序的安排和各节点坐标的分析与计算等工艺分析内容。

1）梯形螺纹和沟槽配合件的工艺分析

Ⅰ.装配图分析

装配图中共有六项装配技术要求，如图 4-2-1 至图 4-2-3 所示。

（1）在装配图（图 4-2-1）中，件 1、件 2 和件 3 配合后有配合长度尺寸，应满足（164±0.05）mm 配合要求，件 1 和件 2 还要求对基准 A—B 的圆跳动不大于 0.03 mm。要满足这两项技术要求，主要通过以下几点来实现。

①装夹零件时，要精确找正，特别是零件掉头定位装夹找正时，应尽量同时找正外圆和端面，以保证装夹精度。

②技术要求指定了检测时的基准是件 1 左端 φ30 mm 外圆的轴线和右端 φ30 mm 外圆的轴线。因此，在加工中应保证两外圆轴线一致，应以中心孔为基准在双顶尖装夹加工中完成。

③件 2 的圆跳动公差要求较高，为 0.03 mm。因此，为了保证件 1 和件 2 组合后圆跳动公差的精度要求，在加工过程中，应保证该零件的内外轮廓具有较高的同轴度公差要求。

④件 3 虽然没有几何公差要求，但件 3 是装配在件 1 上的，如果件 3 两端面的平行度及两端面与内螺纹轴线的垂直度较差，即使三个零件的相关长度均符合要求，也不能保证配合

长度(164±0.05)mm 的要求。

（2）在装配图（图4-2-2）中，件1和件3端面槽配合后有配合长度尺寸，应满足(171±0.05)mm 配合要求和配合间隙 $5_0^{+0.02}$ mm 的配合要求。还有件1和件3要求对基准 *A—B* 的圆跳动不大于 0.03 mm。要满足这三项技术要求，主要通过以下几点来实现。

①测量准确，严格控制件3的尺寸在公差要求范围内。

②控制该接触端面 $5_0^{+0.02}$ mm 的配合间隙，通过修配件3内孔的长度可以保证。

③配合长度(171±0.05)mm 是通过精确控制件3的长度尺寸来保证的。

④件3装配在件1左端上，如果件3的外圆和内孔的同轴度超差，即使件3的尺寸严格控制也不能保证圆跳动公差 0.03 mm 的要求。

（3）在装配图（图4-2-3）中，件1和件2有配合长度尺寸，应满足(110±0.03)mm 配合要求；件1和件3配合后两外圆的边距应满足(95±0.02)mm 配合要求。影响这两项技术要求的主要因素有：

①件3的外圆和沟槽的深度尺寸影响配合后两外圆边距(95±0.02)mm 的配合要求；

②件2的内孔和内锥长度尺寸影响配合长度(110±0.03)mm 的配合要求。

Ⅱ.零件图分析

Ⅰ)分析零件1

如图4-2-4所示，该零件是一个轴类零件，零件的尺寸精度要求较高，基本上所有表面都属于配合表面，需保证其形状位置、尺寸精度要求。为保证配合后的圆跳动公差，应采用双顶尖装夹。车削完外形后再加工端面槽。件1上的 *a* 点、*b* 点坐标距左端面分别为 *a*(*X*36.41、*Z*62.132)、*b*(*X*44.602、*Z*70)。

Ⅱ)分析零件2

如图4-2-5所示，该零件是一个套类零件，外形有双线梯形螺纹，内形有锥度等。内孔和内圆锥属于配合表面，加工时内圆锥应利用件1的外圆锥配车以保证配合后的配合长度。件2配合后有圆跳动公差要求，应精确找正。另外，此零件的双线梯形螺纹在加工时的切削力较大，应利用一夹一顶装夹，车完后再加工内孔，以减少切削变形，便于找正。

Ⅲ)分析零件3

如图4-2-6所示，该零件是一个套类零件，外形有均匀分布的沟槽，内形有螺纹等。零件轮廓的所有表面都是配合表面，加工最为关键。为了方便检测两外圆的边距(95±0.02)mm、配合长度(164±0.05)mm 和端面配合间隙 $5_0^{+0.02}$ mm，应先加工件3的内孔，再加工内螺纹。

件1、件2和件3的编程加工使用 G71、G73、G74、G75、G76、G92 循环指令。

Ⅳ)坐标原点及换刀点

每次装夹加工都将工件的坐标系原点设定在其装夹后的工件右端面中心上。工件加工程序的起始点和换刀点都设在(*X*100,*Z*100)位置，件1设在(*X*100,*Z*10)上。

2)梯形螺纹和沟槽配合件的加工工艺流程

下料→粗车、精车件1右端→粗车、精车件1左端→粗车、精车件1端面槽→粗车、精车件 2 右端→粗车、精车件 2 左端→粗车、精车件 3 左端→粗车、精车件 3 右端。

3)梯形螺纹和沟槽配合件的加工步骤

Ⅰ.加工件 1

(1)用三爪自定心卡盘装夹件 1,车端面,控制总长,钻中心孔 A2 mm。

(2)一夹一顶装夹,粗车件 1 右端外形尺寸,留 2 mm 精车余量。

(3)双顶尖装夹,精车件 1 右端外圆 $\phi\,52_{-0.05}^{0}$ mm、$\phi\,46_{-0.02}^{0}$ mm、$\phi\,40_{-0.02}^{0}$ mm、$\phi\,30_{-0.02}^{0}$ mm,锥度,外沟槽 $\phi\,20$ mm×4 mm 及 M24×2 三角形螺纹至尺寸要求,控制长度 (60 ± 0.03) mm、(34 ± 0.05) mm、$30_{-0.03}^{0}$ mm、$20_{-0.05}^{0}$ mm 和 5 mm。

(4)掉头双顶尖装夹,精车件 1 左端外圆 $\phi\,62_{-0.02}^{0}$ mm,外沟槽 $5_{0}^{+0.02}$ mm、$5_{-0.02}^{0}$ mm,锥度 55°和圆弧 R5 mm 至尺寸要求,保证长度 10 mm、5 mm、6 mm。

(5)用三爪自定心卡盘装夹 $\phi\,52_{-0.05}^{0}$ mm 外圆找正,车端面槽 $\phi\,46_{0}^{+0.02}$ mm、$\phi\,30_{-0.02}^{0}$ mm 至尺寸要求,并控制长度 12 mm。

Ⅱ.加工件 2

(1)用三爪自定心卡盘装夹件 2,车端面和装夹基准,钻中心孔 A2 mm。

(2)一夹一顶装夹,粗车、精车件 2 外圆 $\phi\,52_{-0.02}^{0}$ mm、沟槽和双线梯形螺纹至尺寸要求,钻孔 $\phi\,28$ mm。

(3)掉头用三爪自定心卡盘装夹,车 $\phi\,52_{-0.02}^{0}$ mm 外圆并找正,车端面,控制总长 (53 ± 0.03) mm。

(4)粗车、精车内孔 $\phi\,46_{0}^{+0.02}$ mm、$\phi\,40_{0}^{+0.02}$ mm、$\phi\,30_{0}^{+0.02}$ mm 和锥度至尺寸要求,用件 1 外锥配作保证旋合长度 (110 ± 0.03) mm,控制长度 $14_{0}^{+0.03}$ mm、25 ± 0.02 mm 和 5 mm。

Ⅲ.加工件 3

(1)用三爪自定心卡盘装夹件 3,车端面,钻孔 $\phi\,18$ mm。

(2)粗车、精车件 3 的左端内孔 $\phi\,30_{0}^{+0.02}$ mm、$\phi\,20_{0}^{+0.02}$ mm 至尺寸要求,控制长度 12 mm。

(3)粗车、精车件 3 的左端外圆 $\phi\,62_{-0.02}^{0}$ mm、$\phi\,46_{-0.02}^{0}$ mm 至尺寸要求,用件 1 端面槽配作保证端面间隙 $5_{0}^{+0.02}$ mm,控制长度 11 mm。

(4)掉头用三爪自定心卡盘装夹,车 $\phi\,40_{-0.02}^{0}$ mm 外圆并找正,车端面,控制总长 (48 ± 0.03) mm。

(5)粗车、精车件 3 的右端外圆 $\phi\,52_{-0.02}^{0}$ mm 和外沟槽 $5_{0}^{+0.02}$ mm、$5_{-0.02}^{0}$ mm 至尺寸要求,用件 1 的外沟槽配作保证两外圆边距 (95 ± 0.02) mm。

(6)粗车、精车内沟槽 4 mm×2 mm 和三角内螺纹 M24×2 至尺寸要求,用件 1 的外螺纹配作保证旋合长度 (164 ± 0.05) mm,控制长度 $20_{0}^{+0.03}$ mm。

(7)检查各零件的尺寸及配合尺寸合格后卸下工件。

2. 对零件进行数控加工程序的编制

参考程序见表 4-2-1。

表 4-2-1　梯形螺纹轴和沟槽配合件数控加工程序卡（供参考）

数控车床程序卡	编程原点	工件前端面与轴线交点			编程系统	FANUC 0i
	零件名称	梯形螺纹轴和沟槽配合件	零件图号	图 4-2-4 至图 4-2-6	材料	45 钢
	机床型号	CK6140	夹具名称	三爪自定心卡盘	实训车间	数控实训场

加工件 1（手动车端面，钻中心孔）

工序 1：用一夹一顶夹持毛坯外圆，粗车右端轮廓

程序	程序说明
O4201;	程序名
G50 X100.0 Z10.0;	建立工件坐标系
T0101 M03 S800;	主轴正转 800 r/min，选择 1 号刀粗车外圆
G00 G99 X70.0 Z5.0;	快速定位至 φ70 mm 直径，距端面正向 5 mm
G90 X60.0 Z-93.0 F0.3;	用 G90 固定循环粗车右端轮廓
X54.0;	
X48.0 Z-75.0;	
X42.0 Z-59.0;	
X37.0 Z-29.0;	
X32.0;	
X26.0 Z-75.0;	
G00 X100.0 Z10.0;	返回刀具换刀点
M05;	停主轴
M30;	程序结束

工序 2：用双顶尖装夹件 1，精车右端轮廓

程序	程序说明
O4202;	程序名
G50 X100.0 Z10.0;	建立工件坐标系
T0202 M03 S800;	主轴正转 800 r/min，选择 2 号精车外圆车刀
G00 G99 X70.0 Z5.0;	快速定位至 φ70 mm 直径，距端面正向 5 mm
G71 U4.0 R1.0;	用 G71 复合循环粗车右端轮廓
G71 P10 Q20 U0.5 W0.1 F0.2;	
N10 G00 X19.8 S1200;	右端轮廓精加工程序
G01 Z0.0 F0.1;	
X23.8 Z-2.0;	
Z-20.0;	
X30.0 C0.3;	
Z-30.0;	
X40.0 Z-55.0;	
Z-60.0;	
X46.0 C0.3;	
Z-75.0;	
X52.0;	

Z-94.0;	
N20 X65.0;	
G70 P10 Q20;	G70 精车指令
G00 X100.0 Z10.0;	返回刀具换刀点
T0303 S400;	主轴正转 400 r/min,选择 3 号沟槽车刀
G00 X30.0 Z-20.0;	快速定位至 ϕ30 mm 直径,沟槽上面
G01 X20.0;	切槽 ϕ20 mm×4 mm
G04 X3.0;	切槽暂停 3 s
X30.0;	退刀
G00 X100.0 Z10.0;	返回刀具换刀点
T0404 S800;	主轴正转 800 r/min,选择 4 号外螺纹车刀
G00 X26.0 Z5.0;	快速定位至 ϕ26 mm 直径,距端面正向 5 mm
G92 X23.0 Z-17.0 F2.0	G92 螺纹切削固定循环
X22.5;	
X22.0;	
X21.7;	
X21.5;	
X21.4;	
G00 X100.0 Z10.0;	返回刀具换刀点
M05;	停主轴
M30;	程序结束

工序 3:掉头用双顶尖装夹件 1,精车左端轮廓

程序	程序说明
O4203;	程序名
G50 X100.0 Z10.0;	建立工件坐标系
T0202 M03 S800;	主轴正转 800 r/min,选择 2 号精车外圆车刀
G00 G99 X70.0 Z5.0;	快速定位至 ϕ70 mm 直径,距端面正向 5 mm
G73 U15.0 W0.5 R6.0;	用 G73 轮廓复合循环车左端轮廓
G73 P10 Q20 U0.5 W0.1 F0.2;	
N10 G00 G42 X32.0 S1200;	左端轮廓精加工程序
G01 Z-6.0 F0.1;	
X62.0;	
Z-51.0;	
X52.0;	
X36.41 Z-62.132;	
G02 X44.602 Z-70.0 R5.0;	
N20 G01 G40 X70.0;	
G70 P10 Q20;	G70 精车指令
G00 X100.0 Z10.0;	返回刀具换刀点
T0505 S400 M08;	选择 5 号外沟槽车刀,刀宽 5 mm,切削液开
G00 X64.0 Z-6.0;	快速定位至 ϕ64 mm 直径,外沟槽起点
M98 P34444;	调用子程序 3 次
G00 X100.0 Z10.0 M09;	返回刀具换刀点,切削液关
M05;	主轴停
M30;	程序结束

子程序	
程序	程序说明
O4444;	程序名
G00 W-10.0;	Z 向移动一个槽距
G01 X52.0 F0.05;	切槽
G04 X3.;	切槽暂停 3 s
X64.0;	退刀
M99;	子程序结束

工序 4：用三爪自定心卡盘装夹φ52 mm 外圆并找正，车左端端面槽

程序	程序说明
O4204;	程序名
G50 X100.0 Z100.0;	建立工件坐标系
T0606 M03 S200;	主轴正转 200 r/min,选择 6 号端面槽车刀
G00 G99 X32.2 Z2.0 M08;	快速定位至φ 32 mm 直径,距端面正向 2 mm
G74 R1.0;	用 G74 端面深孔循环指令粗加工端面槽
G74 X37.8 Z-11.9 P6000 Q6000 F0.1;	
G00 Z2.0;	精加工端面槽
X30.0;	
G01 Z-12.0 F0.05;	
X37.8;	
G00 Z2.0;	
X38.0;	
G01 Z-12.0;	
X37.0;	
G00 Z2.0 M09;	
G00 X100.0 Z100.0;	返回刀具换刀点
M05;	停主轴
M30;	程序结束

加工件 2（手动车端面,钻中心孔）

工序 5：用一夹一顶夹持毛坯外圆,粗车、精车外轮廓

程序	程序说明
O4205;	程序名
G50 X100.0 Z10.0;	建立工件坐标系
T0202 M03 S800;	主轴正转 800 r/min,选择 2 号精车外圆车刀
G00 G99 X60.0 Z5.0;	快速定位至φ 60 mm 直径,距端面正向 5 mm
G71 U2.0 R1.0;	用 G71 复合循环粗车外轮廓
G71 P10 Q20 U0.5 W0.1 F0.2;	
N10 G00 X44.0 S1200;	外轮廓精加工程序
G01 Z0.0 F0.1;	
X51.9 Z-2.0;	
Z-38.0;	
X52.0;	
Z-55.5;	
N20 X60.0;	
G70 P10 Q20;	G70 精车指令
G00 X100.0 Z10.0;	返回刀具换刀点
T0303 S400;	主轴正转 400 r/min,选择 3 号沟槽车刀

G00 X54.0 Z-33.0;	快速定位至沟槽循环起点
G94 X44.0 Z-33.0 F0.05;	G94 沟槽固定循环加工
Z-36.0;	
Z-38.0;	
G01 X52.0 Z-31.0;	倒角
X44.0 Z-33.0;	
G00 X100.0;	返回刀具换刀点
Z10.0;	
T0707 S500;	主轴正转 500 r/min,选择 7 号梯形螺纹车刀
G00 X55.0 Z10.0;	快速定位至φ 55 mm 直径,距端面正向 10 mm
G76 P020030 Q50 R50;	G76 螺纹复合循环车第一条螺旋槽
G76 X46.5 Z-35.0 P2750 Q500 F10.0;	
G00 X55.0 Z15.0;	移动一个螺距
G76 P020030 Q50 R50;	G76 螺纹复合循环车第二条螺旋槽
G76 X46.5 Z-35.0 P2750 Q500 F10.0;	
G00 X100.0 Z10.0;	返回刀具换刀点
M05;	停主轴
M30;	程序结束

工序 6:钻孔后,用三爪自定心卡盘装夹φ 52 mm 外圆并找正,车内轮廓

程序	程序说明
O4206;	程序名
G50 X100.0 Z100.0;	建立工件坐标系
T0101 M03 S800;	主轴正转 800 r/min,选择 1 号粗车外圆车刀
G00 G99 X60.0 Z5.0;	快速定位至φ 60 mm 直径,距端面正向 5 mm
G94 X27.0 Z1.0 F0.3;	G94 端面固定循环车总长
Z0.0;	
G00 X100.0 Z100.0;	返回刀具换刀点
T0808 M03 S600;	正转 600 r/min,8 号内孔刀φ 30 mm×60 mm
G00 G99 X28.0 Z5.0;	快速定位至φ 28 mm 直径,距端面正向 5 mm
G71 U1.5 R1.0;	用 G71 复合循环车内轮廓
G71 P10 Q20 U-0.5 W0.1 F0.2;	
N10 G00 G42 X47.0 S800;	内轮廓精加工程序
G01 Z0.0 F0.1;	
X46.0 C0.3;	
Z-14.0;	
X40.0 C0.3;	
Z-19.0;	
X30.0 W-25.0;	
Z-55.0;	
N20 G40 X28.0;	
G70 P10 Q20;	G70 精车指令
G00 X100.0 Z100.0;	返回刀具换刀点
M05;	停主轴
M30;	程序结束

加工件 3

工序 7:用三爪自定心卡盘夹持件 3 毛坯外圆,粗车、精车左端轮廓	
程序	程序说明
O4207;	程序名
G50 X100.0 Z100.0;	建立工件坐标系
T0202 M03 S800;	主轴正转 800 r/min,选择 2 号精车外圆车刀
G00 G99 X70.0 Z5.0;	快速定位至 ϕ 70 mm 直径,距端面正向 5 mm
G71 U2.0 R1.0;	
G71 P10 Q20 U0.5 W0.1 F0.2;	用 G71 复合循环车外轮廓
N10 G00 X46.0 S1200;	外轮廓精加工程序
G01 Z-11.0 F0.1;	
X52.0;	
Z-38.0;	
Z-37.0;	
N20 X70.0;	
G70 P10 Q20;	G70 精车指令
G00 X100.0 Z100.0;	返回刀具换刀点
T0909 S600;	正转 600 r/min,9 号内孔刀 ϕ 20 mm×35 mm
G00 X18.0 Z5.0;	快速定位至 ϕ 18 mm 直径,距端面正向 5 mm
G71 U2.0 R1.0;	用 G71 复合循环车内轮廓
G71 P30 Q40 U-0.5 W0.1 F0.2;	
N30 G00 X30.0 S800;	内轮廓精加工程序
G01 Z-12.0 F0.1;	
X20.0;	
Z-30.0;	
N40 X18.0;	
G70 P30 Q40;	G70 精车指令
G00 X100.0 Z10.0;	返回刀具换刀点
M05;	停主轴
M30;	程序结束

工序 8:掉头用三爪自定心卡盘装夹 ϕ 46 mm 外圆并找正,车右端外轮廓	
程序	程序说明
O4208;	程序名
G50 X100.0 Z100.0;	建立工件坐标系
T0101 M03 S800;	主轴正转 800 r/min,选择 1 号粗车外圆车刀
G00 G99 X70.0 Z5.0;	快速定位至 ϕ 70 mm 直径,距端面正向 5 mm
G94 X18.0 Z1.0 F0.3;	G94 端面固定循环车总长
Z0.0;	
G00 X100.0 Z100.0;	返回刀具换刀点
T0202 M03 S800;	主轴正转 800 r/min,选择 2 号精车外圆车刀
G00 G99 X70.0 Z5.0;	快速定位至 ϕ 70 mm 直径,距端面正向 5 mm
G90 X60.0 Z-12.0 F0.2;	车右端 ϕ 52 mm 外圆
X55.0;	
X52.5;	
X52.0 F0.1 S1200;	
G00 X100.0 Z100.0;	
T0505 S400 M08;	选择 5 号外沟槽车刀,刀宽 5 mm,切削液开

G00 X64.0 Z-12.0;	快速定位至 ϕ 64 mm 直径,外沟槽起点
M98 P24444;	调用子程序 2 次(用前面子程序)
G00 X100.0 Z100.0 M09;	返回刀具换刀点,切削液关
M05;	停主轴
M30;	程序结束

工序 9: 车右端内轮廓	
程序	程序说明
O4209;	程序名
G50 X100.0 Z100.0;	建立工件坐标系
T0909 M03 S600;	正转 600 r/min,9 号内孔刀 ϕ 20 mm×35 mm
G00 G99 X18.0 Z5.0;	快速定位至 ϕ 18 mm 直径,距端面正向 5 mm
G71 U1.5 R1.0;	用 G71 复合循环车内轮廓
G71 P10 Q20 U-0.5 W0.1 F0.2;	
N10 G00 X26.0 S1200;	内轮廓精加工程序
G01 Z0.0 F0.1;	
X22.0 Z-2.0;	
Z-20.0;	
N20 X18.0;	
G70 P10 Q20;	G70 精车指令
G00 X100.0 Z100.0;	返回刀具换刀点
T1010 M03 S400;	主轴正转 400 r/min,选择 10 号内沟槽车刀
G00 X20.0 Z5.0;	快速定位至 ϕ 20 mm 直径,距端面正向 5 mm
Z-20.0;	加工内沟槽
G01 X26.0 F0.05;	
X20.0;	
G00 Z100.0;	返回刀具换刀点
X100.0;	
T1111 M03 S600;	主轴正转 600 r/min,选择 11 号内螺纹车刀
G00 X20.0 Z10.0;	快速定位至 ϕ 20 mm 直径,距端面正向 5 mm
G92 X23.0 Z-17.0 F2.0;	G92 螺纹固定循环加工内螺纹
X23.5;	
X23.8;	
X24.1;	
X24.3;	
X24.4;	
G00 X100.0 Z10.0;	返回刀具换刀点
M05;	停主轴
M30;	程序结束

3. 程序输入(传输)和程序校验

输入程序并通过图形模拟功能或空运行加工进行程序试运行校验及修整,要求熟练掌握 MDI 操作面板、机床操作面板的操控。

4. 数控车床的对刀及参数设定

根据相关要求对数控车床进行对刀及参数设定。

5. 数控车床的自动加工

熟练掌握数控车床控制面板的操作,在自动加工中,对加工路线轨迹和切削用量做到及时监控并有效调整。

6. 对工件进行误差与质量分析

按图纸和技术要求,对工件进行测量和对比校验,如有尺寸和形位误差或表面加工质量误差,应及时调整并修复。

二、实训注意事项

1. 编程加工要点

(1)加工件 2 的内圆锥时,内圆锥车削应用件 1 多次配合测量,通过修改 Z 向磨耗来保证配合长度尺寸准确。

(2)加工件 3 的内螺纹时,螺纹底孔应略大一些,螺纹中径应利用件 1 多次配车且通过修改 X 向磨耗来保证,以达到配合精度。

(3)车削端面槽时注意端面槽刀副后角的大小,应不能与孔壁发生碰撞。

(4)车沟槽时,为防止振动,切削用量应选择小一些。

(5)相互配合的轴肩、孔口和沟槽处要清角和去毛刺。

2. 检测要点

(1)尺寸公差的检测:外圆可用外径千分尺检测。

(2)圆锥接触面积的检测:在件 2 的圆锥面沿轴线方向上均匀涂上三条显示剂后,把件 1 轴向推入锥孔内,转动半周后轴向退出检查显示剂的对研情况。若显示剂均匀地被擦去,说明接触面积达到了要求;若显示剂两端被擦去,说明有双曲面误差。

(3)螺纹的检测:外螺纹可采用螺纹环规检测,内螺纹可采用螺纹塞规检测。

(4)沟槽可用样板或塞规进行检测。

(5)配合长度可用外径千分尺检测,检测时两工件应放在同一个轴线上。

(6)用外径千分尺测量两外圆边距时,外径千分尺的量爪应通过两外圆的轴线。

(7)圆跳动公差的检测,可将工件用双顶尖支撑,利用指示表检查工件的跳动。

(8)可用光学仪器或表面粗糙度比较样块对照检测表面粗糙度。

3. 安全要点

(1)用双顶尖装夹车削时,应注意换刀点的位置,防止刀具与尾座发生碰撞。

(2)由于指示表是精密量具,测量时应防止撞击指示表。使用后,应及时将指示表和磁性表座放在安全位置。

(3)车螺纹时,不允许用棉纱擦拭工件,以防发生安全事故。

(4)操作完毕后,应首先对照图样逐一检查各尺寸、修整工件,然后将工件涂油后送交指定位置放置,最后逐一清点工具、刃具、量具,保养设备,并整理操作工位。

任务三　复杂组合零件的车削加工

【任务描述】

按图样（图 4-3-1 至图 4-3-3）所示，完成配合件的车削加工并达到技术要求，工时定额 360 min。

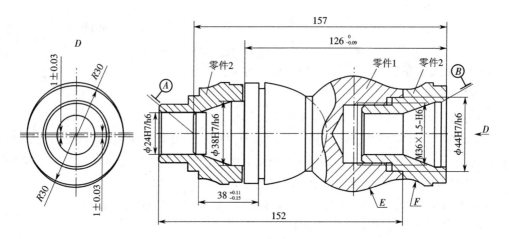

技术要求

1.装配后零件1的E处和零件2的F处轮廓按整体轮廓要求，与基准A—B的圆跳动不于0.05 mm。

2.锥度配合要求尺寸 $38^{+0.11}_{-0.15}$ mm。

3.右端配合要求尺寸 $126^{0}_{-0.09}$ mm。

图 4-3-1　装配图

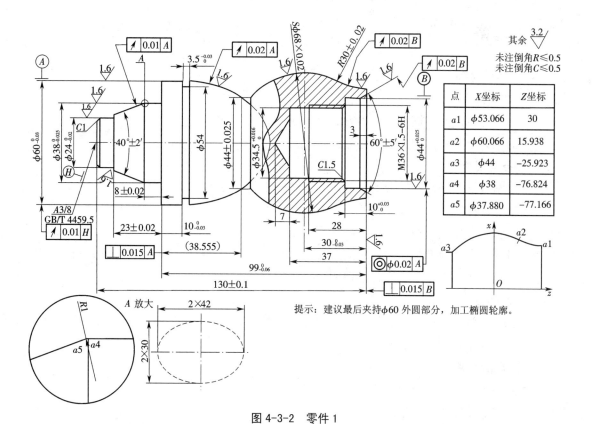

点	X坐标	Z坐标
a1	φ53.066	30
a2	φ60.066	15.938
a3	φ44	−25.923
a4	φ38	−76.824
a5	φ37.880	−77.166

其余 $\overset{3.2}{\sqrt{}}$
未注倒角R≤0.5
未注倒角C≤0.5

提示：建议最后夹持φ60外圆部分，加工椭圆轮廓。

图 4-3-2　零件 1

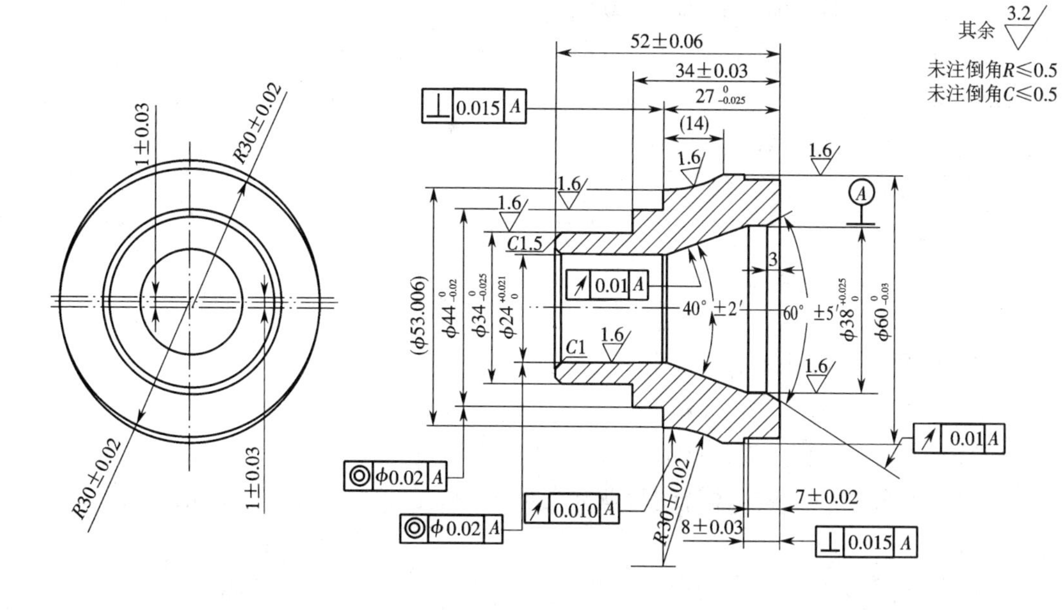

其余 $\overset{3.2}{\sqrt{}}$
未注倒角R≤0.5
未注倒角C≤0.5

技术要求
两偏心轴线方向互成180°±2°。

图 4-3-3　零件 2

【任务准备】

一、实训目标

1. 知识目标

（1）掌握成形面和椭圆的车削方法及编程方法。

（2）掌握组合零件的加工工艺分析。

2. 技能目标

（1）掌握椭圆和螺纹配合的组合件的车削技能和技巧。

（2）能够控制零件的尺寸精度及表面粗糙度。

（3）正确使用量具检验零件的相关尺寸。

（4）提高分析问题和解决问题的能力。

（5）熟练操控数控车床进行零件加工。

3. 情感目标

（1）培养学员严谨、细致、规范的职业态度。

（2）培养学生的团队合作精神。

二、知识准备

1. 技术要求

1）椭圆轴的技术要求

（1）尺寸精度：较高的尺寸精度。

（2）较小的表面粗糙度值：$Ra1.6\ \mu m$。

（3）几何公差：圆跳动、同轴度、垂直度等，圆跳动 0.01 mm、垂直度 0.015 mm、同轴度 $\phi\,0.02$ mm。

（4）内三角形螺纹：较小的中径公差。

（5）外形轮廓：光滑连接。

2）椭圆的一般技术要求

（1）抛物线有面轮廓度和圆度要求。

（2）各外圆与抛物线之间有圆跳动要求。

3）外螺纹偏心锥孔套的技术要求

（1）尺寸精度：较高的尺寸精度。

（2）较小的表面粗糙度值：$Ra1.6\ \mu m$。

（3）几何公差：圆跳动、同轴度、垂直度等，圆跳动 0.01 mm、垂直度 0.015 mm、同轴度 $\phi\,0.02$ mm。

（4）外三角形螺纹：较小的中径公差。

（5）偏心要求：1 ± 0.03 mm。

4）组合装配技术要求

（1）装配后零件 1 的 E 处与零件 2 的 F 处轮廓按整体轮廓要求，有圆跳动要求

（0.05mm）。

（2）配合尺寸要求：锥度配合尺寸 $38_{-0.15}^{+0.11}$ mm，右端配合尺寸 $126_{-0.09}^{0}$ mm。

2. 工件材料

毛坯材料为 45 调质钢，硬度为 25 ～ 32HRC。

3. 椭圆的方程

1）椭圆的标准方程

椭圆标准方程分为以下两种。

（1）如图 4-3-4（a）所示，顶点是 $A_1(-a, 0)$、$A_2(a, 0)$、$B_1(0, -b)$、$B_2(0, b)$，图形关于 X 轴、Y 轴对称，焦点为 $F_1(-c, 0)$、$F_2(c, 0)$，其标准方程为 $\dfrac{X^2}{a^2} + \dfrac{Y^2}{b^2} = 1$。

（2）如图 4-3-4（b）所示，顶点是 $A_1(0, -a)$、$A_2(0, a)$、$B_1(-b, 0)$、$B_2(b, 0)$，图形关于 X 轴、Y 轴对称，焦点为 $F_1(0, -c)$、$F_2(0, c)$，其标准方程为 $\dfrac{X^2}{a^2} + \dfrac{Y^2}{a^2} = 1$。

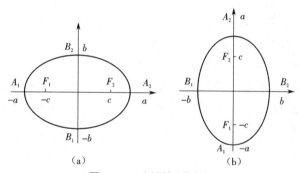

（a）　　　　　　　　　（b）

图 4-3-4　椭圆标准方程

2）椭圆的参数方程

$$X = a\cos\alpha,\ Y = b\sin\alpha$$

式中 α 仅为椭圆上某点的极坐标角度。

三、设备、材料准备

1. 设备准备

数控车床（有冷却装置），型号为 CK6140 或 CK6136，系统为 FANUC 0i，相应的卡盘扳手、刀架扳手。

2. 材料准备

45 钢，尺寸为 ϕ100 mm×155 mm 和 ϕ80 mm×70 mm，各一件。

3. 工、刃、量、辅具准备

（1）量具：游标卡尺（0.02 mm/0 ～ 150 mm）；游标深度卡尺（0.02 mm/0 ～ 200 mm）；外径千分尺（0.01 mm/0 ～ 25 mm、0.01 mm/25 ～ 50 mm、0.01 mm/50 ～ 75 mm）；内径指示表（ϕ35 ～ 50 mm）；螺纹塞规（M36×1.5）；半径样板（R34 mm、R30 mm）；游标万能角度尺

(0～320°);椭圆样板。

(2)刃具:机夹外圆车刀(90°、93°),外三角形螺纹车刀(60°,P=1.5 mm),内三角形螺纹车刀(60°,P=1.5 mm),外沟槽车刀(3.5 mm×54 mm),不通孔车刀(φ22 mm×55 mm),麻花钻(φ18 mm、φ25 mm),中心钻(A3 mm)。

(3)工具、辅具:常用工具和铜皮;前、后顶尖;鸡心夹头;莫氏过渡套;钻夹头(φ1～13 mm);活扳手和内六角扳手;润滑剂及清扫工具等。

【任务实施】

一、实训步骤

1. 工件加工工艺分析

要求能够熟练掌握加工方案的制订,刀具、切削用量的选择,操作工序的安排和各节点坐标的分析与计算等工艺分析内容。

1)工艺分析

零件1的主要加工部分包括4段圆柱外径、1段圆锥外径、2段相切的外圆弧、1段椭圆外轮廓、1个外槽、2个圆柱内径和1个米制内螺纹以及端面。外轮廓应分粗车、精车和车槽来完成,内轮廓应分钻孔、粗镗、精镗和车螺纹来完成。

零件2的主要加工部分包括3段圆柱外径、1段外圆弧、1段双偏心外径、2个圆柱内径和2个圆锥内径以及端面。外轮廓应先分粗车、精车成形后分别车双偏心外径。内轮廓应分钻孔、粗镗和精镗来完成。

对零件1与零件2的圆柱面配合(两种装配形式之一)有轮廓跳动误差要求:一是在零件1单独加工时把两段相切的外圆弧、一段椭圆弧和φ44 mm圆柱外径留着不车出;二是在零件2单独加工时把圆弧外径留着不车出,把小外径车到$\phi 36^{-0.15}_{-0.25}$ mm并车出M6×1.5的米制螺纹;三是将两零件用螺纹装配在一起,再车出上述留着未加工的外形部分;四是分体后将零件2的外螺纹车掉,即把其小外径车到$\phi 34^{0}_{-0.025}$ mm。

2)加工工序与工步

两个零件先各加工两道工序,再装配在一起加工共同的第三道工序,拆分后零件2再加工3道工序。流程如图4-3-5所示。

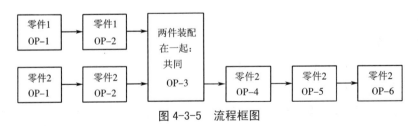

图4-3-5 流程框图

零件1的工艺过程如图4-3-6所示。零件2的工艺过程如图4-3-7所示。在图上可以看到装卡方式和加工部位(图形填充部分)。

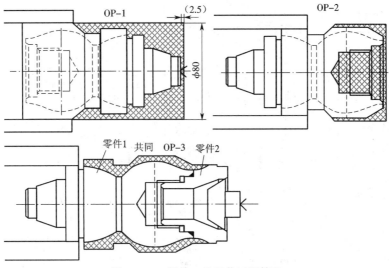

图 4-3-6　零件 1 的工艺过程简图

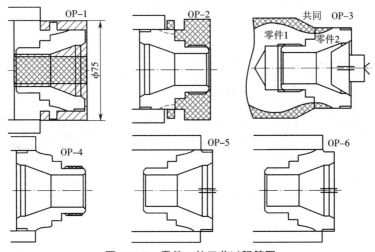

图 4-3-7　零件 2 的工艺过程简图

3）各工序的装夹方式和加工部件

（1）零件 1 的 OP-1 的装卡方式和加工部位如图 4-3-8 所示。

（2）零件 1 的 OP-2 的装卡方式和加工部位如图 4-3-9 所示。

（3）零件 1 与零件 2 共同的 OP-3 的装卡方式和加工部位如图 4-3-10 所示。

（4）零件 2 的 OP-1 的装卡方式和加工部位如图 4-3-11 所示。

（5）零件 2 的 OP-2 的装卡方式和加工部位如图 4-3-12 所示。

（6）零件 2 的 OP-4 的装卡方式和加工部位如图 4-3-13 所示。

（7）零件 2 的 OP-5 和 OP-6 的装卡方式和加工部位如图 4-3-14 所示。

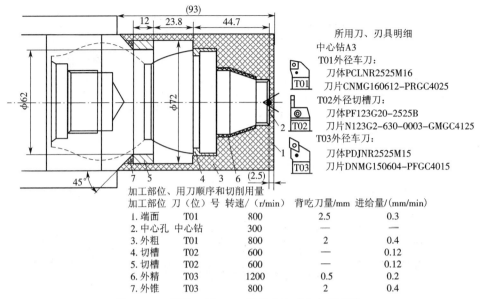

所用刀、刃具明细

中心钻A3

T01外径车刀：
刀体PCLNR2525M16
刀片CNMG160612–PRGC4025

T02外径切槽刀：
刀体PF123G20–2525B
刀片N123G2–630–0003–GMGC4125

T03外径车刀：
刀体PDJNR2525M15
刀片DNMG150604–PFGC4015

加工部位、用刀顺序和切削用量

加工部位	刀（位）号	转速/(r/min)	背吃刀量/mm	进给量/(mm/min)
1. 端面	T01	800	2.5	0.3
2. 中心孔	中心钻	300	—	—
3. 外粗	T01	800	2	0.4
4. 切槽	T02	600	—	0.12
5. 切槽	T02	600	—	0.12
6. 外精	T03	1200	0.5	0.2
7. 外锥	T03	800	2	0.4

图 4-3-8 零件 1 的 OP-1 的装卡方式和加工部位

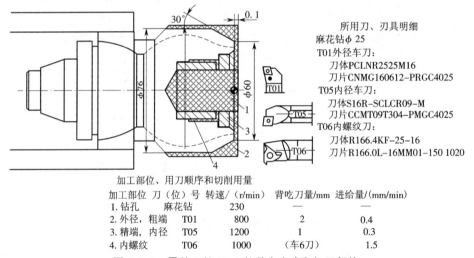

所用刀、刃具明细

麻花钻ϕ25

T01外径车刀：
刀体PCLNR2525M16
刀片CNMG160612–PRGC4025

T05内径车刀：
刀体S16R–SCLCR09–M
刀片CCMT09T304–PMGC4025

T06内螺纹刀：
刀体R166.4KF–25–16
刀片R166.0L–16MM01–150 1020

加工部位、用刀顺序和切削用量

加工部位	刀（位）号	转速/(r/min)	背吃刀量/mm	进给量/(mm/min)
1. 钻孔	麻花钻	230	—	—
2. 外径，粗端	T01	800	2	0.4
3. 精端，内径	T05	1200	1	0.3
4. 内螺纹	T06	1000	（车6刀）	1.5

图 4-3-9 零件 1 的 OP-2 的装卡方式和加工部位

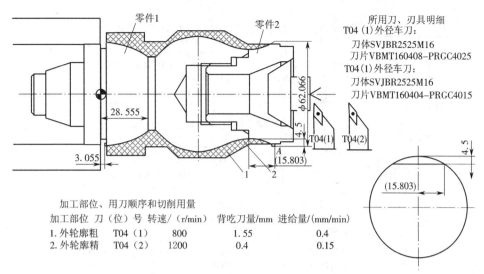

所用刀、刃具明细
T04（1）外径车刀：
　刀体SVJBR2525M16
　刀片VBMT160408–PRGC4025
T04（1）外径车刀：
　刀体SVJBR2525M16
　刀片VBMT160404–PRGC4015

加工部位、用刀顺序和切削用量

加工部位	刀（位）号	转速/（r/min）	背吃刀量/mm	进给量/(mm/min)
1. 外轮廓粗	T04（1）	800	1.55	0.4
2. 外轮廓精	T04（2）	1200	0.4	0.15

图 4-3-10　零件 1 与零件 2 共同的 OP-3 的装卡方式和加工部位

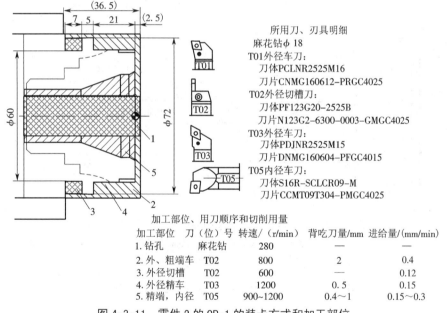

所用刀、刃具明细
麻花钻φ18
T01外径车刀：
　刀体PCLNR2525M16
　刀片CNMG160612–PRGC4025
T02外径切槽刀：
　刀体PF123G20–2525B
　刀片N123G2–6300–0003–GMGC4025
T03外径车刀：
　刀体PDJNR2525M15
　刀片DNMG160604–PFGC4015
T05内径车刀：
　刀体S16R–SCLCR09–M
　刀片CCMT09T304–PMGC4025

加工部位、用刀顺序和切削用量

加工部位	刀（位）号	转速/（r/min）	背吃刀量/mm	进给量/(mm/min)
1. 钻孔	麻花钻	280	—	—
2. 外、粗端车	T02	800	2	0.4
3. 外径切槽	T02	600	—	0.12
4. 外径精车	T03	1200	0.5	0.15
5. 精端，内径	T05	900~1200	0.4~1	0.15~0.3

图 4-3-11　零件 2 的 OP-1 的装卡方式和加工部位

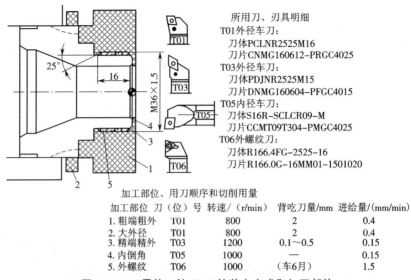

所用刀、刃具明细

T01外径车刀:
刀体PCLNR2525M16
刀片CNMG160612-PRGC4025

T03外径车刀:
刀体PDJNR2525M15
刀片DNMG160604-PFGC4015

T05内径车刀:
刀体S16R-SCLCR09-M
刀片CCMT09T304-PMGC4025

T06外螺纹刀:
刀体R166.4FG-2525-16
刀片R166.0G-16MM01-1501020

加工部位、用刀顺序和切削用量

加工部位	刀(位)号	转速/(r/min)	背吃刀量/mm	进给量/(mm/min)
1. 粗端粗外	T01	800	2	0.4
2. 大外径	T01	800	2	0.4
3. 精端精外	T03	1200	0.1~0.5	0.15
4. 内倒角	T05	1000	—	0.15
5. 外螺纹	T06	1000	(车6月)	1.5

图 4-3-12 零件 2 的 OP-2 的装卡方式和加工部位

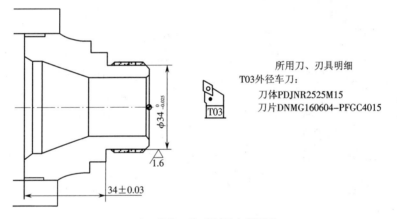

所用刀、刃具明细

T03外径车刀:
刀体PDJNR2525M15
刀片DNMG160604-PFGC4015

加工部位、用刀顺序和切削用量

加工部位	刀(位)号	转速/(r/min)	背吃刀量/mm	进给量/(mm/min)
1. 小外径精	T01	1200	0.9	0.15
2. 小端面精				

图 4-3-13 零件 2 的 OP-4 的装卡方式和加工部位

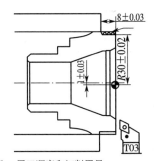
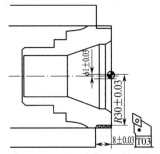

加工部位、用刀顺序和切削用量

加工部位	刀（位）号	转速/（r/min）
一侧偏心外径	T01	500

背吃刀量/mm	进给量/(mm/min)
1	0.1

所有刀、刃具明细
T03外径车刀：
刀体PDJNR2525M15
刀片DNMG160604-PFGC4015

加工部位、用刀顺序和切削用量

加工部位	刀（位）号	转速/（r/min）
另侧偏心外径	T01	500

背吃刀量/mm	进给量/(mm/min)
1	0.1

所有刀、刃具明细
T03外径车刀：
刀体PDJNR2525M15
刀片DNMG160604-PFGC4015

图 4-3-14 零件 2 的 OP-5 和 OP-6 的装卡方式和加工部位

2. 对零件进行数控加工程序的编制

参考程序见表 4-3-1。

表 4-3-1 复杂配合零件数控加工程序卡（供参考）

数控车床 程序卡	编程原点				编程系统	FANUC 0i
	零件名称	组合件	零件图号	图 4-3-1 至图 4-3-3	材料	45 钢
	机床型号	CK6140	夹具名称	三爪自定心卡盘	实训车间	数控实训场

工序 1：零件 1 的 OP-1 的加工，Z 向原点选择在零件的外端面中心

程序	程序说明
O4301；	程序名
T0101 S800 M03；	主轴正转 800 r/min，调用 1 号外圆车刀
G54 G00 X85.0 Z0.0 M08；	调用 G54 坐标系
G01 X0.0 F0.2；	
G00 X280.0 Z1.0；	
M00；	
X80.0；	
G71 U2.0 R1.0；	粗车循环
G71 P10 Q20 U1.0 W0.1 F0.4；	
N10 G42 G00 X20.0；	轮廓精加工
G01 X24.0 Z-1.0 F0.2；	
Z-8.0；	
X27.081；	
X38.0 Z-23.0；	
Z-31.0；	
X60.0；	
Z-44.7；	
X71.0；	
Z-86.0；	

N20 X79.0 Z-90.0;		
G00 X180.0 Z100.0;	退刀	
T0202 S600 M03;	主轴正转 600 r/min,调用 2 号车槽刀	
G55 X74.0 Z-44.5;	调用 G55 坐标系	
G01 X60.5 F0.3;		
X54.0 F0.12;		
G00 X60.5;		
Z-44.0;		
G01 X54.0;		
G00 X74.0;		
Z-80.5;		
G01 X62.0 F0.12;		
G04 X0.1;		
G00 X74.0;		
Z-77.5;		
G01 X62.0;		
G04 X0.1;		
G00 X74.0;		
Z-74.5;		
G01 X62.0;		
G04 X0.1;		
G00 X74.0;		
Z-71.5;		
G01 X62.0;		
G04 X0.1;		
G00 X180.0;		
Z100.0;		
G56 T0303 S1200 M08;	调用 G56 坐标系,调用 3 号外圆精车刀	
G70 P10 Q20;	精车循环	
G40;		
G00 Z-80.0 S800 M03;		
X67.0;		
G01 X72.0 Z-82.5 F0.4;		
G00 Z-80.0;		
X63.0;		
G01 X72.0 Z-84.5;		
G00 Z-80.5;		
X64.0;		
G01 X62.0;		
X72.0 Z-85.5;		
G00 X100.0 Z0 M09;	退刀	
Z250.0 M05;	主轴停	
M30;	程序结束	

说明	①用 T03 刀精车出的 3 段圆柱外径的公差中值比公称尺寸分别小 0.01 mm、0.012 5 mm 和 0.015 mm,这 3 个值之间最多才差 0.005 mm,所以编程时这 3 处可直接使用公称尺寸而不必进行调整。 ②切 12 mm×5 mm 的槽是为方便下道工序对刀,所以切到槽底应延时一转,以便将槽底车圆。 ③为防止φ60 mm 外径与 3.5 mm 宽的槽相切处有明显毛刺,此槽应安排在外精车前切出。 ④φ72 mm 是工艺用外径,所以在粗车循环时应直接将其车到尺寸,精车循环时此处实际车不着。 ⑤为减轻切刀负担,安排φ72 mm 圆柱的右侧面与 3.5 m 宽槽侧面离开 0.2 mm。

工序 2：零件 1 的 OP-2 的加工，Z 向原点选择在零件的外端面中心

程序	程序说明
O4302；	程序名
T0101 S800 M03；	主轴正转 800 r/min，调用 1 号外圆车刀
G54 G00 X80.0 74.0 M08；	调用 G54 坐标系
G71 U2.0 R1.0；	粗车循环
G71 P10 Q20 U0.0 W0.1 F0.4；	
N10 G00 X25.0；	
G01 Z0.0；	
X60.0；	
X76.0 Z-13.82；	
N20 Z-42.5；	
G00 X100.0 Z150.0；	退刀
T0505 S1200 M03；	调用 5 号内孔车刀
G58 X64.0 Z0.0；	
G01 X25.0 F0.15；	
G00 Z1.0；	
G71 U1.0 R1.0；	粗车循环
G71 P30 Q40 U-0.8 W0.1 F0.3；	
N30 G41 G00 X48.62；	内孔轮廓
G01 X44.0 Z-3.0 F0.15；	
Z-10.0；	
X37.7；	
X34.7 Z-11.5；	
Z-31.0；	
X34.0；	
Z-37.0；	
N40 X25.0；	
G70 P30 Q40；	精车内孔
G40；	
G00 X100.0 Z100.0 M09；	
M00；	
T0606 S1000 M03；	调用 6 号内螺纹车刀
G59 X30.0 Z5.0 M08；	调用 G59 坐标系
Z-7.0；	
G76 P010060 Q100 R0.012；	车螺纹
G76 X36.0 Z-30.0 P812 Q358 F1.5；	
G00 Z100.0 M09；	退刀
X100.0 Z250.0 M05；	主轴停
M30；	程序结束

说明	①用 T05 刀精车出的两内径的公差中值比公称尺寸分别大 0.012 5 mm 和 0.008 mm，这两个值之间最大才差 0.004 5 mm，所以编程时这两处可直接使用公称尺寸而不必进行调整。 ②本工序中外圆柱和外圆锥用复合粗车循环直接车出，这样车出的圆锥会略大，不过这两处是工艺需要而不是零件轮廓加工需要，所以是允许的。 ③安排外端面由内径刀来精车，是为了保证两个台阶的纵向尺寸精度。 ④由于内径粗车、精车只能合用一把 ϕ 16 mm 的内径刀加工，所以粗车背吃刀量为 0.1～0.2 mm。 ⑤内螺纹径的公称尺寸为 ϕ 34.576 mm，实际车时会增大 0.1～0.2 mm，所以小内圆柱面（小内径）与螺纹顶径应分段加工。

工序3:零件1与零件2共同的OP-3的加工,Z向原点选择在椭球的纵向对称中心

程序	程序说明
O4303;	程序名
T0404 S800 M03;	调用4号外圆粗车刀
G57 X100.0 Z104.803 M08;	调用G57坐标系
G73 U14.0 W0.1 R9.0;	使用G73粗车循环
G73 P10 Q20 U0.8 W0.0 F0.4;	
N10 G00 G42 X62.066 Z104.803;	外形轮廓
G02 X60.066 Z74.983 R30.0;	
G03 X44.0 Z33.077 R34.0;	
G01 X28.555;	
X44.5;	
N20 G03 X60.5 Z13.5 R30.0;	
G00 X100.0 Z300.0 M09;	
M00;	
T0404 S1200 M03;	
X66 Z100.0 M08;	
G42 X62.066 Z104.803;	
G02 X60.066 Z74.938 R30.0 F0.15;	
G03 X44.0 Z33.077 R34.0;	
#1=28.555;	
N30 #2=SQRT [900-0.5102*#1*#1];	
G01 X [2*#2] Z#1 F0.1;	
#1=#1-0.3;	
IF [#1 GE 3.055] GOTO 30;	
G00 X100.0 Z100.0 M09;	退刀
Z250.0 M05;	主轴停
M30;	程序结束

说明	①切削起点不能正好在R30 mm圆弧与ϕ60 mm轮廓直线的交点,应适当移出。 ②G73段中的U值不能小于14,否则第一刀会切得太深。 ③粗车时,椭圆轮廓部分可用一段圆弧来代替。 ④由于只提供可装35°刀片的刀体,所以只能在程序运行中途换一次刀片,以便粗车用粗车刀片、精车用精车刀片

工序4:零件2的OP-1的加工,Z向原点选择在零件的外端面中心

程序	程序说明
O4304;	程序名
T0101 S800 M03;	调用1号外圆粗车刀
G54G00 X75.0 Z4.0 M08;	调用G54坐标系
G71 U2.0 R1.0;	粗车循环
G71 P10 Q11 U0.0 W0.0 F0.4;	
N10 G00 X25.0;	外形轮廓
G01 Z0.1;	
X61.0;	
Z-21.0;	
X72.0;	
Z-33.0;	
N20 X75.0;	
G00 X180.0 Z100.0;	

程序	程序说明
T0202 S600 M03;	调用 2 号车槽刀
G55 X74.0 Z-33.0;	调用 G55 坐标系
G01 X60.0 F0.12;	
G00 X74.0;	
Z-30.0;	
G01 X60.0;	
G00 X74.0;	
Z-29.0;	
G01 X60.0 F0.1;	
G00 X150.0;	
Z100.0;	
T0303 S1200 M03;	调用 3 号外圆精车刀
G56 X60.0 Z2.0;	
G01 Z-21.0 F0.15;	
G00 X100.0 Z150.0;	
T0505 S1200 M03;	调用 5 号内孔车刀
G58 X72.0 Z0.0;	调用 G58 坐标系
G01 X18.0F0.15;	
G00 Z1.0 S900 F1.0;	
G71 U1. R1.;	内孔粗车循环
G71 P30 Q40 U-0.8 W0.0 F0.3;	
N30 G00 G42 X42.062 S1200 M03;	内孔轮廓
G01 X38.0 Z-3.0 F0.15;	
Z-7.0;	
X24.0 Z-30.51;	
Z-54.0;	
N40 U-1.0;	
G70 P30 Q40;	
G40;	
Z100.0 M09;	退刀
X100.0 Z250.0 M05;	主轴停
M30;	程序结束

说明	①用 T05 刀精车出的内圆柱直径的公差中值比公称尺寸分别大 0.012 5 mm 和 0.010 5 mm,这两个值之间最大才差 0.002 mm,所以编程时这两处可直接使用公称尺寸而不必进行调整。 ②切削 7 mm×6 mm 的槽是为方便下道工序对刀,但只用侧面不用底面,所以底面不用车圆。 ③由于本工序中车的外径中只有一段是零件轮廓的外径,所以精车没有必要再用复合循环指令来编程。 ④安排外端面由内径刀来精车,是为了保内圆柱纵向尺寸精度。 ⑤由于内径粗车、精车只能合用一把φ16 mm 的内径刀,所以粗车每刀的背吃刀量不能超过 1 mm。

工序 5:零件 2 的 OP-2 的加工,Z 向原点选择在零件的外端面中心

程序	程序说明
O4305;	程序名
T0101 S800 M03;	调用 1 号外圆粗车刀
G54 G00 X75.0 Z4.0 M08;	调用 G54 坐标系
G71 U2.0 R1.0;	外形粗车循环
G71 P10 Q20 U1.0 W0.1 F0.4N10;	
N10 G00 G42 X18.0 F0.15;	外形轮廓
G01 Z0.0;	
X32.8;	

程序	程序说明
X35.8 Z-1.5;	
Z-18.0;	
X44.0;	
Z-25.0;	
X60.0;	
N20 Z-32.0;	
G00 X100.0 Z100.0;	
T0303 S1200 M03;	调用 3 号外圆精车刀
G56 X16.0 Z1.0;	调用 G56 坐标系
G01 Z42.0 Z0.0 F0.15;	
X32.8;	
X35.8 Z-1.5;	
Z-13.284;	
X34.2 Z-15.0;	
Z-18.0;	
X44.0;	
Z-25.0;	
X60.0;	
Z-32.0;	
G40;	
G00 Z200.0;	
T0505 S1000 M03;	调用 5 号内孔车刀
G58 X30.468 Z2.0;	调用 G58 坐标系
G01 X23.0 Z-1.734 F0.15;	倒角
G00 X150.0 Z50.0 M09;	退刀
T0606 S1000 M03;	调用 6 号外螺纹车刀
G59 X40.0 Z3.0 M08;	调用 G59 坐标系
G76 P010060 Q100 R0.012;	车螺纹
G76 X34.376 Z-17 P812 Q358 F1.5;	
G00 Z100.0 M09;	退刀
X150.0 Z200.0;	
M05;	主轴停
M30;	程序结束

说明	①由于 φ44 mm 外径和螺纹顶径用同一把刀精车,所以螺纹顶径不能用公称尺寸 φ36 mm 来编程。 ②由于精车要比粗车多车一个螺纹退刀槽,所以精车不再用复合循环指令来编程。 ③车螺纹使用复合循环指令编程,此处选用粗车 5 刀、精车 1 刀来车成。 ④倒角编程时,车削终点不能正好到 φ24 mm,而要往下移一些,这里车到了 φ23 mm。 ⑤倒角应使用假想刀尖点位置来编程。

工序 6:零件 2 的 OP-4 的加工,Z 向原点选择在零件的外端面中心

程序	程序说明
O4306;	程序名
T0303 S1200 M03;	调用 3 号外圆精车刀
G56 G00 X34.0 Z2.0 M08;	调用 G56 坐标系
G01 Z-18.0 F0.15;	精车外形
G00 X100.0 Z100.0 M09;	退刀
Z250.0 M05;	主轴停
M30;	程序结束

工序 7：零件 2 的 OP-5 和 OP-6 可共用一个加工程序（由于车偏心外径是断续切削，所以主轴转速选得比较低），Z 向原点选择在零件的外端面中心

程序	程序说明
O4307;	程序名
T0303 S500 M03;	调用 3 号外圆精车刀
G56 G00 X60.0 Z3.0 M08;	调用 G56 坐标系
G01 Z-8.0 F0.1;	
G00 X100.0 Z100.0 M09;	退刀
Z250.0 M05;	主轴停
M30;	程序结束

3. 程序输入（传输）和程序校验

输入程序并通过图形模拟功能或空运行加工进行程序试运行校验及修整，要求熟练掌握 MDI 操作面板、机床操作面板的操控。

4. 数控车床的对刀及参数设定

根据相关要求对数控车床进行对刀及参数设定。

5. 数控车床的自动加工

熟练掌握数控车床控制面板的操作，在自动加工中，对加工路线轨迹和切削用量做到及时监控并有效调整。

6. 对工件进行误差与质量分析

按图纸和技术要求，对工件进行测量和对比校验，如有尺寸和形位误差或表面加工质量误差，应及时调整并修复。

二、实训注意事项

1. 编程加工要点

（1）用宏程序编椭圆时，应注意根据椭圆的位置进行自变量起始点的赋值。

（2）加工时，应使椭圆的圆心与编程的原点重合。

（3）车削椭圆时，为保证椭圆的精度，精车应选用较小的步距量。

（4）选刀时，刀尖角一定要控制在 40° 以下，如果刀尖角过大，凹圆弧将过切。

（5）车削内孔时，由于内孔车刀的刚性较差，应选用较小切削用量，以防产生让刀现象。

（6）车削内孔和内螺纹时，注意循环起点放置的位置，X 值应小于内孔的最小直径。

（7）内孔加工完成后，注意退刀路径，应先退 Z 轴方向再退 X 轴方向。

2. 内螺纹车刀装夹要点

（1）装夹时刀尖对准工件中心，精车时刀尖可略高于中心。

（2）装夹时刀杆应与工件内孔的轴线平行。

（3）装夹时刀杆尽量向 X 轴负方向装夹，防止 X 轴负方向超程。

（4）刀杆的伸出长度尽可能短一些，比孔长 5 ~ 10 mm 即可。

（5）装夹后，让车刀在孔内试走一遍，检查刀杆与孔壁是否相碰。

3. 检测要点

（1）外圆尺寸可用外径千分尺直接检测，检测时外径千分尺的两量爪应通过轴线。

（2）圆弧用样板测量时，应对准工件中心，通过观察样板与工件之间的间隙大小来修整。

（3）用内径指示表测量前，应检查整个测量装置是否正常。如固定测量头有无松动，指示表是否灵活，指针转动后能否回到原来位置，指针对准的"零位"是否走动。

（4）用内径指示表测量时，注意内径指示表应稍微摆动，测量出内孔的最小直径。

（5）圆锥接触面积的检测。在件2的圆锥面沿轴线方向上均匀涂上三条显示剂后，把件1轴向推入锥孔内，转动半周后轴向退出检查显示剂的对研情况。若显示剂均匀地被擦去，说明接触面积达到了要求；若显示剂两端被擦去，说明有双曲面误差。

（6）同轴度可用测量表架、圆度仪、三坐标检测装置、光学显微镜进行检测。

（7）圆跳动公差的检测，可将工件用双顶尖支撑，利用指示表检查工件的跳动。

（8）表面粗糙度可用光学仪器或表面粗糙度比较样块对照检测。

（9）螺纹可采用螺纹塞规或螺纹环规检测。

4. 安全要点

（1）程序首次运行时必须先检查一遍，改正程序中出现的错误后应把车床"锁定"，采用自动方式和单段方式进行模拟校验，正确无误后再进行加工。

（2）双顶尖装夹车削应注意编程时换刀点的位置，以防刀具碰撞尾座。

（3）内孔刀的换刀点应较远些，若换刀点过近，会在换刀或快速定位时碰到工件。

（4）在加工工件过程中，要注意在中间检验工件质量，如果加工质量出现异常，应停止加工，以便采取相应措施。

（5）操作过程中，应特别注意安全文明生产，及时清除铁屑，防止伤人。

（6）自动加工时，应关闭防护门。

项目五　数控车床的精度检验与故障诊断

任务一　数控车床的精度检验

【任务描述】

学习数控车床精度检验的知识和方法。

【任务准备】

一、实训目标

1. 知识目标

（1）数控车床的几何精度。

（2）数控车床的定位精度。

2. 技能目标

（1）能够进行数控车床的返回基准点（参考点）检验。

（2）能够进行数控车床的最小设定单位进给检验。

（3）能够进行数控车床的温升和热位置试验。

3. 情感目标

（1）培养学员严谨、细致、规范的职业态度。

（2）培养学生的团队合作精神。

二、知识准备

（一）数控车床几何精度

数控机床的几何精度是综合反映机床各关键零部件经组装后的综合几何形状误差。其检测工具和方法与普通机床类似，但检测要求更高，检测工具、量具更精密。常用的检测工具有精密水平仪、直角尺、精密方箱、平尺、平行光管、千分表或测微仪、高精度主轴心棒及刚性好的千分表杆。检测工具的精度等级必须比所测的几何精度高一个等级。每项几何精度按照数控车床验收条件的规定进行检测。

数控车床几何精度检验项目依据 GB/T 16462.1—2007《数控车床和车削中心检验条件第 1 部分: 卧式机床几何精度检验》。检测中应注意某些几何精度要求是互相牵连和影响的。如主轴轴线与尾座轴线同轴度误差较大时,可以通过适当调整机床床身的地脚垫铁来减少误差,但这一调整同样又会引起导轨平行度误差的改变。因此,数控机床的各项几何精度检测应在一次检测中完成,否则会造成顾此失彼的现象。

检测中,还应注意消除检测工具和检测方法造成的误差,如检测机床主轴回转精度时,检验心棒自身的振摆、弯曲等造成的误差;在表架上安装千分表和测微仪时,由于表架的刚性不足而造成的误差;在卧式机床上使用回转测微仪时,由于重力影响,造成测头抬头位置和低头位置时的测量数据误差等。

机床的几何精度在冷态和热态时是有区别的。检测应按国家标准规定,在机床预热状态下进行,通常是在性能试验之后。

(二)数控车床定位精度

数控车床定位精度是测量机床运动部件在数控系统控制下所能达到的位置精度。根据一台数控车床实测的定位精度数值,可以判断出加工工件在该机床上所能达到的最好加工精度。

定位精度主要检测内容有直线运动定位精度、直线运动重复定位精度、直线运动轴机械原点的返回精度和直线运动矢动量的测定。检测工具有测微仪、成组量块、标准长度刻线尺、光学读数显微镜和双频激光干涉仪等。

1. 直线运动定位精度

按标准规定,对数控车床的直线运动定位精度的检验应以激光检测为准,如图 5-1-1 所示。条件不具备时,也可用标准长度刻线尺进行比较测量,如图 5-1-2 所示。这种方法的检测精度与检测技巧有关,一般可控制在(0.004 ~ 0.005)/1 000。而激光检测的测量精度可比标准长度刻线尺检测精度高一倍。

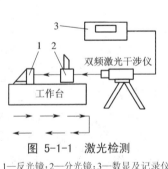

图 5-1-1 激光检测

1—反光镜;2—分光镜;3—数显及记录仪

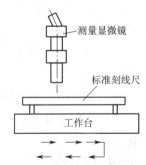

图 5-1-2 标准长度刻线尺比较测量

为反映多次定位中的全部误差,ISO 标准规定每一个定位点按 5 次测量数据计算出平均值和离散差 $\pm 3\sigma$,画出其定位精度曲线。测定的定位精度曲线还与环境温度和轴的工作状态有关。如数控车床的丝杠的热伸长为(0.01 ~ 0.02)/1 000,而经济型的数控车床一般不能补偿滚动丝杠的热伸长,故有些数控车床采用预拉伸丝杠的方法来减少其影响。

2. 直线运动重复定位精度

该精度是反映坐标轴运动稳定性的基本指标,而机床运动稳定性决定着加工零件质量的稳定性和误差的一致性。

一般检测方法是在靠近各坐标行程的中点及两端的任意三个位置进行测量,每个位置用快速移动定位,在相同的条件下重复做 7 次定位,测出定位点的坐标值,并求出读数的最大差值。以 3 个位置中最大差值的 1/2,并取 ± 号后,作为该坐标的重复定位精度。

3. 直线运动轴机械原点的返回精度

数控车床每个坐标轴都应有精确的定位起点,即坐标轴的原点或参考点,它与程序编制中使用的工件坐标系、夹具安装基准有直接关系。数控车床每次开机时原点复归精度应一致,因此对原点的定位精度要求很高。此项检验的目的:一是检测坐标轴原点的复归精度,二是检测原点复归的稳定性。

4. 直线运动矢动量

坐标轴直线运动矢动量又称为直线运动反向误差,是进给轴传动链上驱动元件的反向死区以及机械传动副的反向间隙和弹性变形等误差的综合反映。该误差越大,定位精度和重复定位精度就越差。如果矢动量在全行程上分布均匀,可通过数控系统的反向间隙补偿功能予以补偿。

数控车床定位精度检验项目以及对车床位置精度、空载下的轮廓精度、C 轴精度和工作精度的要求,应遵循 GB/T 16462.1—2007 中的相关要求。其中,数控车床工作精度检查实质是对几何精度与定位精度在切削条件下的一项综合考核。进行工作精度检查的加工,可以是单项加工,也可以是综合加工一个标准试件。

【任务实施】

任务 5-1-1　返回基准点(参考点)检验。

返回基准点(参考点)检验见表 5-1-1 与表 5-1-2。

表 5-1-1　返回基准点(参考点)检验方法

简图	试验方法	检验工具
	1. 使溜板或滑板在 Z 轴或 X 轴全行程上,从任意点快速移动回到基准点,测量其实际位置,至少进行 5 次返回基准点试验; 2. Z 轴、X 轴基准点误差分别计算; 3. 误差以 5 次测量的最大差值计算	激光干涉仪、指示器

简图	试验方法	检验工具
C' 轴	1. C' 轴从任意点快速回转回到基准点,测量其实际位置,至少进行 5 次返回基准点试验; 2. 误差以 5 次测量的最大差值计算	指示器

表 5-1-2 公差 (mm)

返回基准点试验的公差		
$D_a \leqslant 500$		$D_a > 500$
Z 轴:0.004		Z 轴:0.005
X 轴:0.003		
C' 轴:0.000 07R		

任务 5-1-2 最小设定单位进给检验。

最小设定单位进给检验见表 5-1-3。

表 5-1-3 最小设定单位进给检验方法

试验方法图	试验方法	检验工具
相当于数个设定单位的实际移动距离 测量范围 位置 T 最小设定单位数	使溜板或滑板先以快速进给速度向正(或负)方向移动,以停止的位置作为基准,然后每次给一个最小设定单位的指令,向同一方向移动约相当于 20 个最小设定单位指令的距离,测量各个指令的停止位置;然后从上述的最终位置开始,每次给一个最小设定单位的指令,向负(或正)的方向移动,返回到基准位置,测量各个指令的停止位置,至少在行程的中间及靠近两端的三个位置分别进行测量,相当于返回后数个设定单位的实际移动距离内的测量点除外 误差以相邻停止位置间的距离与最小设定单位的最大差值计, 即误差值 $=\|L-m\|_{\max}$ 式中 L——相邻停止位置间的距离; m——最小设定单位。 X 轴、Z 轴均应检验	激光干涉仪、指示器

任务 5-1-3 温升和热位置试验。

测量主轴高速和中速空运转时主轴轴承、润滑油和其他主要热源的温升及其变化规律。试验应连续运转 180 min。

1.试验条件

(1)为保证机床在冷态下开始试验,试验前 16 h 内不得工作。

(2)试验不得中途停机。

(3)试验前应检查润滑油的油量和牌号,并符合使用说明书的规定。

2. 温升测量

1）温升测量方法

主轴连续运转,每隔 15 min 测量一次,最后用被测部位温度值绘成时间 - 温升曲线图,以连续运转 180 min 的温升值作为考核数据,如图 5-1-3 所示。在主轴轴承(前、中、后)处及主轴箱体、电动机壳和液压油箱中设置测量点。

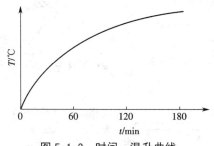

图 5-1-3　时间 - 温升曲线

（1）温度测量点应选择尽量靠近被测部件的位置。主轴轴承温度应以测温工艺孔为测量点。在无测温工艺孔的机床上,可在主轴前、后法兰盘的紧固螺钉孔内装热电偶,并在螺钉孔内灌注凡士林,孔口用橡皮泥或胶布封住。

（2）室温测点应设在机床中心高处离机床 500 mm 的任意空间位置,油箱测温点应尽量靠近吸油口。

2）温度测量系统

（1）温度测量系统采用热电偶,根据条件可采用图 5-1-4 中所示测试系统,热电偶在使用前用分度值为 0.1 ℃水银温度计校正。此外,也可采用多点数据采集系统通过自动校正测出各点温度。条件不具备时,可采用其他测温仪器。

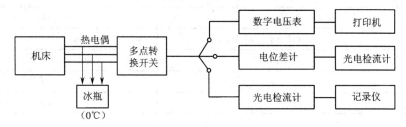

图 5-1-4　热电偶测量

（2）热电偶工作端的焊点一般为直径在 0.3 ～ 0.5 mm 的小球,为使热电偶更好地紧贴在被测物体表面,焊点附近可焊上小块纯铜片。

3. 热位移试验

主轴空运转期间,在 X 方向、Y 方向测量主轴锥孔轴线最大线位移、角位移和 Z 方向线位移。热位移试验与温升试验应同时进行。热位移表示方法如图 5-1-5 和表 5-1-4 所示。

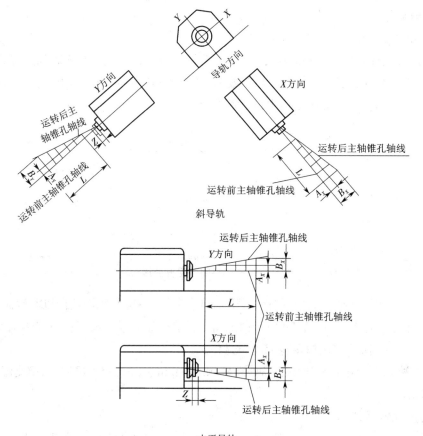

图 5-1-5　热位移表示方法

表 5-1-4　计算方法

Y 方向	线位移 $\Delta A_Y = A_Y$	热位移向上为正
	角位移 $\Delta \alpha_Y = (B_Y - A_Y)/L$	B_Y 高于 A_Y 为正
X 方向	线位移 $\Delta A_X = A_X$	热位移接近刀架为正
	角位移 $\Delta \alpha_X = (B_X - A_X)/L$	B_X 比 A_X 接近刀架为正
Z 方向	轴向位移 $\Delta Z = Z$	主轴端热位移远离箱体为正

1)试验方法

测试装置及测量点布置: 用检验棒(也可用车削卡盘中的悬臂试件)测量主轴锥孔轴线的综合热位移(图 5-1-6)各测量点应用非接触式的传感器。传感器的支架固定在刀架或滑板上,由测量仪读数或通过数据采集系统进行数据运算处理。

A 位置传感器用来测量主轴锥孔轴线位移, B 位置与 A 位置之差用来测量角位移, C 位置用来测量轴向位移。

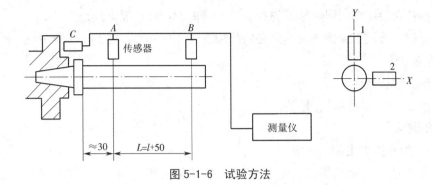

图 5-1-6 试验方法

2)测试仪器及装置

试验用检验棒的圆柱部分长度为 l,当 D_a(最大切削直径)小于或等于 800 mm 时, l 应不小于 300 mm;当 D_a 大于 800 mm 时, l 应不小于 500 mm。

测试仪器要经过充分预热,消除其零点漂移,测量前还应消除支架装夹所引起的应力。

任务二　数控车床的机械故障诊断与排除

【任务描述】

学习数控车床的机械部分的结构和工作原理,对数控车床机械部分常见故障进行故障的分析、诊断并提出维修方法。

【任务准备】

一、实训目标

1.知识目标

(1)了解数控车床主传动系统的组成及部件结构。

(2)掌握滚珠丝杠螺母副间隙消除方法和预紧力的计算。

(3)了解数控机床用导轨的类型和工作特点。

(4)掌握数控车床自动换刀装置的类型、结构及工作原理。

(5)掌握数控车床辅助装置的结构和工作原理。

2.技能目标

(1)能够对数控车床主传动系统的故障进行分析、检查,并提出维修方法。

(2)能够对数控车床滚珠丝杠传动副的故障进行分析、检查,并提出维修方法。

(3)能够对数控车床导轨常见的故障进行分析、检查,并提出维修方法。

(4)能够对数控车床转塔刀架的故障进行分析、检查,并提出维修方法。

(5)能够对数控车床尾座常见的故障进行分析、检查,并提出维修方法。

(6)能够对数控车床排屑装置常见的故障进行分析、检查,并提出维修方法。

3. 情感目标

(1)培养学员严谨、细致、规范的职业态度。

(2)培养学生的团队合作精神。

二、知识准备

(一)数控车床的主传动系统

数控车床的主传动系统包括主轴电动机、传动系统和主轴组件。数控车床与普通卧式车床的主传动系统相比在结构上比较简单,这是因为变速功能全部或大部分由主轴电动机的无级调速来承担,省去了繁杂的齿轮变速机构,有些只有二级或三级齿轮变速系统用以扩大电动机无级调整的范围。

1. 主轴变速方式

1)无级变速

数控机床一般采用直流或交流主轴伺服电动机实现主轴无级变速。

2)分段无级变速

常用的分段无级变速如图 5-2-1(a)、(b)、(c)所示。

3)内置电动机主轴变速

这种主传动是电动机直接带动主轴旋转,如图 5-2-1(d)所示。因而大大简化了主轴箱体与主轴的结构,有效地提高了主轴部件的刚度,但主轴输出扭矩小,电机发热对主轴的精度影响较大。

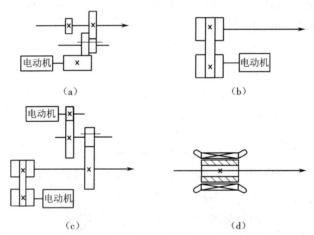

图 5-2-1 数控机床主传动的四种配置方式

(a)带变速齿轮的主传动　(b)通过带传动的主传动　(c)两个电动机分别驱动主轴　(d)内置电动机主轴变速

2. 主轴的支承

数控机床主轴的支承配置形式主要有以下三种。

(1)如图 5-2-2(a)所示,前支承采用双列圆柱滚子轴承和 60°角接触双列球轴承组合,后支承采用成对安装的角接触轴承。这种配置形式使主轴的综合刚度大幅度提高,普遍应用于各类数控机床主轴。

(2)如图5-2-2(b)所示,前轴承采用高精度双列(或三列)角接触球轴承,后支承采用单列(或双列)角接触球轴承。这种配置适用于高速、轻载和精密的数控机床主轴。

(3)如图5-2-2(c)所示,前后轴承采用双列和单列圆锥滚子轴承。这种配置适用于中等精度、低速与重载的数控机床主轴。

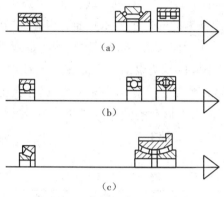

图 5-2-2　数控机床的主轴支承

3. 数控车床的主轴部件

数控车床主轴部件的精度、刚度和热变形对加工质量有直接的影响。

如图5-2-3所示为TND360数控车床主轴部件。主轴内孔是用于通过长的棒料,也可用于通过气动、液压夹紧装置(动力夹盘)。主轴前端的短圆锥面及其端面用于安装卡盘或拨盘。主轴前后支承都采用角接触球轴承,前支承三个一组,前面两个大口朝前端,后面一个大口朝后端,后支承两个角接触球轴承小口相对。前后轴承都由轴承厂配好,成套供应,装配时不需修配。

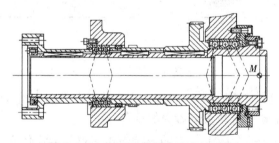

图 5-2-3　TND360 数控车床主轴组件

有的数控车床主轴轴承采用油脂润滑和迷宫式密封。有的数控车床主轴承采用集中强制润滑,为了保证润滑可靠性,常装有压力继电器作为失压报警装置。

4. 卡盘

1)卡盘结构

卡盘一般由卡盘体、活动卡爪和卡爪驱动机构三部分组成。卡盘体直径最小为 65 mm,

最大可达 1 500 mm,中央有通孔,以便通过工件或棒料;背部有圆柱形或短锥形结构,直接或通过法兰盘与机床主轴端部相连接。卡盘通常安装在车床、外圆磨床和内圆磨床上使用,也可与各种分度装置配合,用于铣床和钻床上。

卡盘按驱动卡爪所用动力不同,分为手动卡盘和动力卡盘两种。手动卡盘为通用附件,常用的有自动定心式的三爪卡盘和每个卡爪可以单独移动的四爪卡盘,三爪卡盘由小锥齿轮驱动大锥齿轮,大锥齿轮的背面有阿基米德螺旋槽,与三个卡爪相啮合。因此,用扳手转动小锥齿轮,便能使三个卡爪同时沿径向移动,实现自动定心和夹紧,适用于夹持圆形、正三角形或正六边形等工件。四爪卡盘的每个卡爪底面有内螺纹与螺杆连接,用扳手转动各个螺杆便能分别使相连的卡爪作径向移动,适用于夹持四边形或不对称形状的工件。动力卡盘属于自动定心卡盘,配以不同的动力装置(气缸、液压缸或电机),便可组成气动卡盘、液压卡盘或电动卡盘。气缸或液压缸装在机床主轴后端,用穿在主轴孔内的拉杆或拉管推拉主轴前端卡盘体内的楔形套,由楔形套的轴向进退使三个卡爪同时径向移动。这种卡盘动作迅速,卡爪移动量小,适于在大批量生产中使用。几种卡盘示意结构见表 5-2-1。

表 5-2-1　卡盘结构

名称	结构	名称	结构
三爪自定心卡盘		四爪卡盘	
短锥定位三爪卡盘	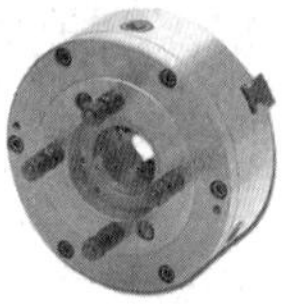	短锥定位四爪卡盘	

2)液压卡盘

数控车床的液压动力卡盘用于夹持加工零件,它主要由固定在主轴后端的液压缸和固定在主轴前端的卡盘两部分组成,其夹紧力的大小通过调整液压系统的压力进行控制,具有结构紧凑、动作灵敏、能够实现较大夹紧力的特点。

如图 5-2-4 所示为数控车床上采用的一种液压卡盘。卡盘体 9 用螺钉 10 固定安装在主轴前端,回转液压缸 1 固定在主轴的后端。卡盘的松开过程是:液压缸 1 内的压力油推动活塞和空心拉杆向卡盘方同移动→驱动滑套 4 向右移动→卡爪座 11 带着卡爪 12 沿径向移动(由于滑套上楔形槽的作用)→卡盘松开。反之,活塞和拉杆向主轴后端移动时,卡盘则夹紧。

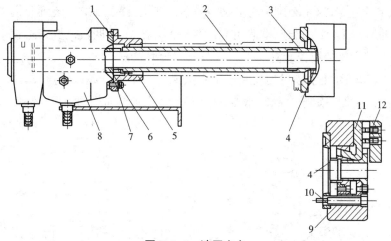

图 5-2-4　液压卡盘

1—回转液压缸；2—空心拉杆；3—连接套；4—滑套；5—接套；6—活塞；
7,10—螺钉；8—回转液压缸箱体；9—卡盘体；11—卡爪座；12—卡爪

3）高速动力卡盘简介

为提高数控车床的生产率，对主轴转速要求越来越高，以实现高速甚至超高速切削。现在数控车床的最高转速已由 1 000～2 000 r/min 提高到每分钟数千转，有的数控车床甚至达到 10 000 r/min。普通卡盘已不能胜任这样的高转速要求，必须采用高速卡盘。早在 20 世纪 70 年代末期，德国福尔卡特公司就研制出了世界上转速最高的 KGF 型高速动力卡盘，其试验速度达到了 10 000 r/min，实用的速度达到了 8 000 r/min。如图 5-2-5 所示为 K55 系列楔式高速通孔动力卡盘，卡盘的松夹是靠用拉杆连接的液压卡盘和液压夹紧油缸的协调动作来实现的。卡盘配带梳齿坚硬卡爪和软爪各一副，适用于在高速（转速小于或等于 4 000 r/min）全功能数控车床上进行各种棒料、盘类零件的加工。

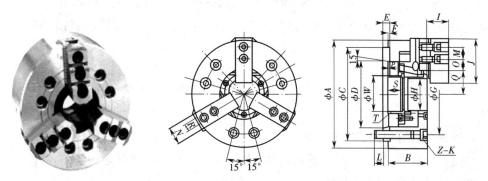

图 5-2-5　K55 系列楔式高速通孔动力卡盘

卡盘高速旋转时，卡爪的离心力使夹紧力减小。该公司还生产了一种加装飞锤的高速卡盘，用飞锤的离心力抵消卡爪的离心力，使夹紧力稳定。

5. 主轴准停装置

主轴准停功能又称主轴定向功能（Spindle Specified Position Stop），即当主轴停止时，控

制其停于固定的位置,这是车削中心 C 轴所必需的功能。主轴准停装置分机械式和电气式两类。机械准停装置动作迅速、准确可靠,但结构复杂,在早期数控机床上使用较多。现代数控机床一般都用电气准停装置。

如图 5-2-6 所示,在主轴后端安装一个永久磁铁与主轴一起旋转,在距离永久磁铁旋转轨迹外 1～2 mm 处固定一个磁传感器,磁传感器安装在主轴箱上,其安装位置决定了主轴的准停点。

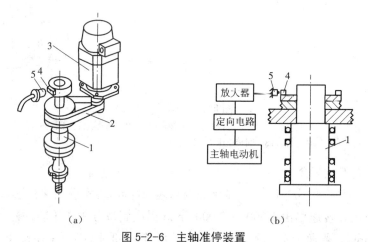

（a）　　　　　　　　　　　　　　　　（b）

图 5-2-6　主轴准停装置

(a)磁传感器主轴准停装置　(b)主轴准停装置工作原理

1—主轴;2—同步齿形带;3—主轴电动机;4—永久磁铁;5—磁传感器

如图 5-2-7 所示为沈阳第一机床厂生产的 MDC200MS3 车削中心的主轴传动系统结构和 C 轴传动及主传动系统简图。C 轴分度采用可啮合和脱开的精密蜗杆蜗轮副结构,它有一个转扭矩为 18.2 N·m 伺服电机驱动蜗杆 1 及主轴上的蜗轮 3,当机床处于铣削和钻削状态时,即主轴需通过 C 轴回转或分度时,蜗杆与蜗轮啮合。该蜗杆蜗轮副由一个可固定的精确调整滑块来调整,以消除啮合间隙。C 轴的分度精度由一个脉冲编码器来保证,分度精度为 0.01°。

(二)滚珠丝杠螺母副

滚珠丝杠螺母副是直线运动与回转运动相互转换的传动装置,常用于回转运动转换为直线运动的情形。

1.滚珠丝杠螺母副的循环方式

常用的循环方式有两种:滚珠在循环过程中有时与丝杠脱离接触的,称为外循环;始终与丝杠保持接触的,称为内循环。

2.滚珠丝杠螺母副间隙的消除

为了保证滚珠丝杠反向传动精度和轴向刚度,必须消除滚珠丝杠螺母副轴向间隙。消除间隙的方法采用双螺母结构,利用两个螺母的相对轴向位移,使两个上滚珠螺母中的滚珠分别贴紧在螺旋滚道的两个相反的侧面上,用这种方法预紧消除轴向间隙时,应注意预紧力不宜过大,预紧力过大会使空载力矩增加,从而降低传动效率、缩短使用寿命。

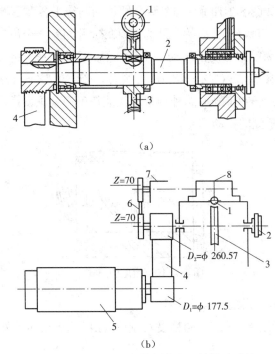

(a)

(b)

图 5-2-7　MDC200MS3 车削中心 C 轴转动系统

(a)主轴结构简图　(b)C 轴传动及主传动系统示意图

1—蜗杆(i=132);2—主轴;3—蜗轮;4—齿形带;5—主轴电机;6—同步齿形带;7—脉冲编码器;8—C 轴伺服电机

常用的双螺母丝杠消除间隙方法有以下三种。

(1)垫片调隙式:如图 5-2-8 所示,调整垫片厚度使左右两螺母产生轴向位移,即可消除间隙和产生预紧力。这种方法结构简单、刚性好,但调整不便,滚道有磨损时不能随时消除间隙和进行预紧。

(2)螺纹调整式:如图 5-2-9 所示,螺母 1 的外端有凸缘,螺母 7 外端制有螺纹,调整时只要旋动圆螺母 6,即可消除轴向间隙,并可达到产生预紧力的目的。

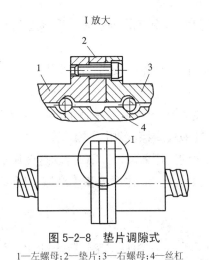

图 5-2-8　垫片调隙式

1—左螺母;2—垫片;3—右螺母;4—丝杠

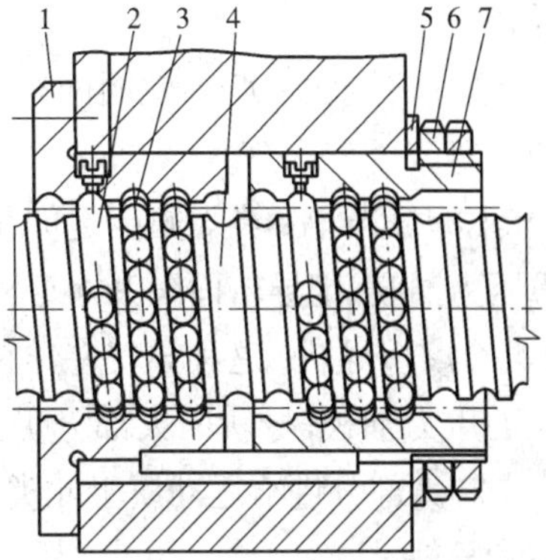

图 5-2-9　螺纹调整式

1,7—螺母;2—反向器;3—钢球;4—螺杆;5—垫圈;6—圆螺母

（3）齿差调隙式：如图 5-2-10 所示，在两个螺母的凸缘上各制有圆柱外齿轮，分别与固紧在套筒两端的内齿圈相啮合，其齿数分别为 Z_1 和 Z_2，并相差一个齿。调整时，先取下内齿圈，让两个螺母相对于套筒同方向都转动一个齿，然后再插入内齿圈，则两个螺母便产生相对角位移，其轴向位移量 $S=(1/Z_1-1/Z_2)P_n$。例如，$Z_1=80$，$Z_2=81$，滚珠丝杠的导程为 $P_n=6$ mm 时，$S=6/6\ 480 \approx 0.001$ mm，这种调整方法能精确调整预紧量，调整方便、可靠，但结构尺寸较大，多用于高精度的传动。

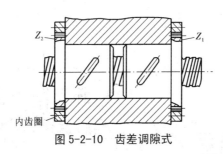

图 5-2-10　齿差调隙式

3. 滚珠丝杠螺母副的预紧力

对于滚珠丝杠螺母副，为保证传动精度及刚度，除消除传动间隙外，还要求预紧。预紧力计算公式为

$$F_v=1/3F_{max}$$

式中　F_{max}——轴向最大工作载荷。

前述各例消除滚珠丝杠螺母副轴向间隙的方法，都能对螺母副进行预紧。调整时只要注意预紧力大小 $F_v=1/3F_{max}$ 即可。

（三）数控机床用导轨

导轨按运动轨迹可分为直线运动导轨和圆运动导轨，按工作性质可分为主运动导轨、进给运动导轨和调整导轨，按受力情况可分为开式导轨和闭式导轨。

1. 导轨的基本类型

1）滑动导轨

这种导轨的两导轨工作面的摩擦性质为滑动摩擦，其中有滑动导轨、液体动压导轨和液体静压导轨。

（1）液体静压导轨：两导轨面间有一层静压油膜，其摩擦性质属于纯液体摩擦，多用于进给运动导轨。

（2）液体动压导轨：当导轨面之间相对滑动速度达到一定值时，液体的动压效应使导轨面间形成压力油膜，把导轨面隔开。这种导轨属于纯液体摩擦，多用于主运动导轨。

（3）混合摩擦导轨：这种导轨在导轨面间有一定的动压效应，但相对滑动速度还不足以形成完全的压力油楔，导轨面大部分仍处于直接接触，介于液体摩擦和干摩擦（边界摩擦）之间的状态。大部分进给运动属于此类型。

2）滚动导轨

这种导轨两导轨面之间为滚动摩擦，导轨面间采用滚珠、滚柱或滚针等滚动体。它在进给运动中用得较多。

2. 塑料导轨

塑料导轨已广泛用于数控机床上,其摩擦因数小,且动、静摩擦因数差很小,能防止低速爬行现象;耐磨性、抗撕伤能力强;加工性和化学稳定性好,工艺简单,成本低,并有良好的自润滑性和抗震性。塑料导轨多与铸铁导轨或淬硬钢导轨相配使用。常用的塑料导轨有贴塑导轨和注塑导轨。

3. 滚动导轨

滚动导轨分为开式和闭式两种,开式用于加工过程中载荷变化较小、颠覆力矩较小的场合。当颠覆力矩较大、载荷变化较大时,则用闭式,此时采用预加载荷,能消除其间隙,减小工作时的振动,并大大提高了导轨的接触刚度。

滚动导轨的滚动体可采用滚珠、滚柱、滚针。滚珠导轨的承载能力小、刚度低,适用于运动部件重量不大、切削力和颠覆力矩都较小的机床。滚柱导轨的承载能力和刚度都比滚珠导轨大,适用于载荷较大的机床。滚针导轨的特点是滚针尺寸小、结构紧凑,适用于导轨尺寸受到限制的机床,现代所采用的滚动导轨支承块已做成独立的标准部件,其特点是刚度高、承载能力大、便于拆装,可直接装在任意行程长度的运动部件上。

4. 静压导轨

静压导轨的滑动面之间开有油腔,将有一定压力的油通过节流器输入油腔,形成压力油膜,浮起运动部件,使导轨工作表面处于纯液体摩擦,不产生磨损,精度保持性好。同时,摩擦因数也极低(0.000 5),使驱动功率大大降低。其运动不受速度和负载的限制,低速无爬行,承载能力大,刚度好;油液有吸振作用,抗震性好,导轨摩擦发热也小。其缺点是结构复杂,要有供油系统,油的清洁度要求高。

(四)自动换刀装置

各类数控车床的自动换刀装置的结构取决于机床的类型、工艺范围、使用刀具种类和数量。数控机床常用的自动换刀装置的类型见表 5-2-2。

表 5-2-2　数控机床常用的自动换刀装置类型

名称	结构形状
立式四工位刀架	
六工位数控电动刀架	

名称	结构形状
十二工位卧式回转刀架	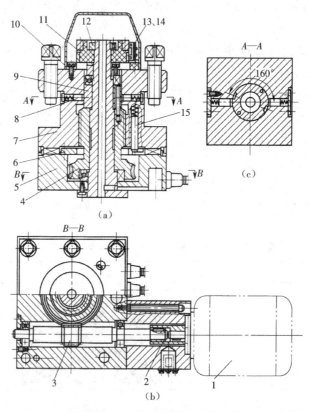

1. 经济型数控车床方刀架

经济型数控车床方刀架是在普通车床四方刀架的基础上发展而来的一种自动换刀装置。其功能和普通四方刀架一样,有四个刀位,能装夹四把不同功能的刀具,方刀架回转90°时,刀具交换一个刀位,但方刀架的回转和刀位号的选择是由加工程序指令控制的。换刀时方刀架的动作顺序是刀架抬起、刀架转位、刀架落下定位和夹紧。为完成上述动作要求,要有相应的机构来实现,下面就以 WZD4 型刀架为例说明其具体结构,如图 5-2-11 所示。

图 5-2-11　数控车床方刀架结构

1—电动机;2—联轴器;3—蜗杆轴;4—蜗轮丝杠;5—刀架底座;6—粗定位盘;7—刀架体;8—球头销;
9—转位套;10—电刷座;11—发信体;12—螺母;13、14—电刷;15—粗定位销

转位信号由加工程序指定。当换刀指令发出后,小型电动机 1 启动正转,通过平键套筒

联轴器 2 使蜗杆轴 3 转动,从而带动蜗轮 4 转动。蜗轮的上部外圆柱加工有外螺纹,所以该零件称蜗轮丝杠。刀架体 7 内孔加工有内螺纹,与蜗轮丝杠旋合。蜗轮丝杠内孔与刀架中心轴外圆是滑动配合,在转位换刀时,中心轴固定不动,蜗轮丝杠环绕中心轴旋转。当蜗轮开始转动时,由于在刀架底座 5 和刀架体 7 上的端面齿处在啮合状态,且蜗轮丝杠轴向固定,这时刀架体 7 抬起。当刀架体抬至一定距离后,端面齿脱开。转位套 9 用销钉与蜗轮丝杠 4 连接,随蜗轮丝杠一同转动,当端面齿完全脱开,转位套 9 正好转过 160°（如图中 *A—A* 剖示所示）,球头销 8 在弹簧力的作用下进入转位套 9 的槽中,带动刀架体转位。刀架体 7 转动时带着电刷座 10 转动,当转到程序指定的刀号时,粗定位销 15 在弹簧的作用下进入粗定位盘 6 的槽中进行粗定位,同时电刷 13、14 接触导通,使电动机 1 反转,由于粗定位槽的限制,刀架体 7 不能转动,使其在该位置垂直落下,刀架体 7 和刀架底座 5 上的端面齿啮合,实现精确定位。电动机继续反转,此时蜗轮停止转动,蜗杆轴 3 继续转动,随着夹紧力增加,转矩不断增大并达到一定值时,在传感器的控制下,电动机 1 停止转动。

译码装置由发信体 11、电刷 13 和 14 组成,电刷 13 负责发信,电刷 14 负责位置判断。刀架不定期会出现过位或不到位,可松开螺母 12 调好发信体 11 与电刷 14 的相对位置。

这种刀架在经济型数控车床及普通车床的数控化改造中得到广泛的应用。

2.三齿盘转塔刀架

如图 5-2-12 所示为一种三齿盘转塔刀架的结构图。如图 5-2-12（a）所示,定齿盘 3 用螺钉及定位销固定在刀架体 4 上,动齿盘 2 用螺钉及定位销紧固在中心轴套 1 上（动齿盘左端面可安装转塔刀盘）,齿盘 2、3 对面有一个可轴向移动的齿盘 5,齿长为上两者之和,其沿轴向左移时,合齿定位、夹紧（碟形弹簧 18）,其沿轴向右移时,松开脱齿。其与双齿盘结构的区别是分度时刀架不做轴向运动,因而减少污物的侵入。

可轴向移动的齿盘 5 的右端面,在三个等分位置上装有三个滚子 6。此滚子与端面凸轮盘 7 的凹槽相接触,其工作情况如图 5-2-12（b）、（c）所示。当端面凸轮盘 7 回转使滚子落入端面凸轮的凹槽时,可轴向移动的齿盘右移,齿盘松开、脱齿,如图 5-2-12（b）所示;当端面凸轮盘反向回转时,端面凸轮盘的凸面使滚子左移,可轴向移动的齿盘左移,齿盘合齿、定位,如图 5-2-12（c）所示,并通过碟形弹簧 18 将动齿盘 2 向左拉使齿盘进一步贴紧（夹紧）。

端面凸轮盘除控制动齿盘 2 松开、脱齿、合齿定位（夹紧）之外,还带动一个与中心轴套 1 用齿形花键相连的驱动套 10 和驱动盘 11,使转塔刀盘分度。端面凸轮盘的右端面有凸出部分,其能带动驱动盘、驱动套、中心轴回转进行分度。

整个换刀动作,脱齿（松开）、分度、合齿定位（夹紧）,用一个交流电动机 12 驱动,经两次减速传到套在端面凸轮盘外圆的齿圈 8 上。此齿圈通过缓冲键 9（减少传动冲击）与端面凸轮盘相连,同样驱动盘与中心轴上的驱动套 10 之间也有类似的"缓冲键"。

为识别刀位,装有一个编码器 13,其用齿形带与中心轴套中间的齿形带轮轴 14 相连。当数控系统得到换刀指令后,自动判断将要换的刀向哪个方向回转分度的路程最短,然后电动机转动、脱齿（松开）,转塔刀盘按最短路程分度,当编码器测到分度到位信号后电动机停转,接着电磁铁 16 通电,将插销 17 左移,插入驱动盘的孔中,然后电动机反转,转塔刀盘完成合齿定位、夹紧,电动机停转。电磁铁断电,弹簧使插销右移,无触点开关 15 用于检测插销退出信号。

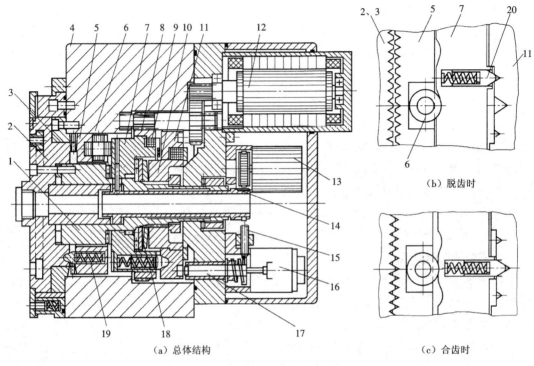

图 5-2-12   三齿盘转塔刀架

1—中心轴套;2—动齿盘;3—定齿盘;4—刀架体;5—齿盘;6—滚子;7—端面凸轮盘;
8—齿圈;9—缓冲键;10—驱动套;11—驱动盘;12—电动机;13—编码器;14—轴;
15—无触点开关;16—电磁铁;17—插销;18—碟形弹簧;19,20—定位销

(五)辅助装置

1.尾座

数控车床尾座一般是在加工时对工件起辅助支承作用,由尾座体和尾座套筒两部分组成。尾座体可在床身上移动和固定。尾座套筒前端安装顶针,套筒可以自动伸出和缩回,实现顶尖对工件的支撑作用。

如图 5-2-13 所示为 TND360 数控车床的尾座结构图。尾座装在床身导轨上,它可以根据工件的长短调整位置后,用拉杆加以夹紧定位。顶尖装在套筒的锥孔中。尾座套筒安装在尾座体的圆孔中,并用平键导向,所以套筒只能轴向移动。在尾座套筒尾部的孔中装有一活塞杆,与尾座套筒一起构成一个液压缸。当套筒液压缸左腔进压力油时,右腔内的油回油,套筒向前伸出;当液压缸右腔进压力油时,左腔内的油回油,套筒向后回缩。液压回路的控制由机床电气控制系统控制液压元件中的电磁换向阀来实现。套筒上还装有接盘和撞块杆,当套筒伸出和回缩时压下前、后极限行程开关,以停止套筒的运动。

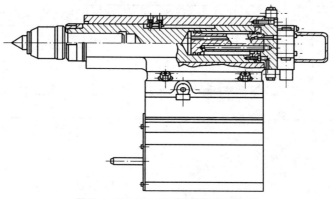

图 5-2-13 TND360 数控车床的尾座

2. 排屑装置

排屑装置的种类繁多,表 5-2-3 所示为常见的排屑装置结构。

表 5-2-3 常见的排屑装置结构

名称	实物	结构简图
平板链式排屑装置		
刮板式排屑器		
螺旋式排屑装置		
磁性板式排屑器		

名称	实物	结构简图
磁性辊式排屑器		

【任务实施】

一、实训步骤

对数控车床机械部分常见故障进行故障分析、诊断,并提出维修方法。

1. 数控机床主传动链的故障诊断及维修方法(见表 5-2-4)

表 5-2-4 数控机床主传动链的故障诊断及维修方法

序号	故障现象	故障原因	维修方法
1	主轴发热	主轴前后轴承损伤或轴承不清洁	更换坏轴承,清除脏物
		主轴轴承预紧力过大	调整预紧力
		润滑油脏或有杂质	清洗主轴箱,更换润滑油
		主轴前端盖与主轴箱体压盖研伤	修磨主轴前端盖,使其压紧主轴前轴承,轴承与后盖有 0.02 ～ 0.05 mm 间隙
		轴承润滑油脂耗尽或润滑油脂涂抹过多	涂抹润滑油脂,每个轴承 3 mL
2	主轴在强力切削时停转	电动机与主轴连接的皮带过松	移动电动机座,张紧皮带,然后将电动机座重新锁紧
		皮带表面有油	用汽油清洗后擦干净,再装上
		摩擦离合器调整过松或磨损	调整离合器,修磨或更换摩擦片
		皮带使用过久而失效	更换新皮带
		摩擦离合器调整过松或磨损	调整摩擦离合器,修磨或更换摩擦片
3	主轴噪声	缺少润滑	涂抹润滑脂,保证每个轴承涂抹润滑油脂量不得超过 3 mL
		小带轮与大带轮传动平衡情况不佳	带轮上的动平衡块脱落,重新进行动平衡
		主轴部件动平衡不良	重做动平衡
		齿轮磨损	修理或更换齿轮
		主轴与电动机连接的皮带过紧	移动电动机座,皮带松紧度合适
		轴承拉毛或损坏	更换轴承
		齿轮啮合间隙不均匀或齿轮损坏	调整啮合间隙或更换新齿轮
		传动轴承损坏或传动轴弯曲	修复或更换轴承,校直传动轴

序号	故障现象	故障原因	维修方法
4	主轴没有润滑油循环或润滑不足	油泵转向不正确,或间隙过大	改变油泵转向或修理油泵
		吸油管没有插入油箱的油面以下	将吸油管插入油面以下 2/3 处
		油管或滤油器堵塞	清除堵塞物
		润滑油压力不足	调整供油压力
5	润滑油泄漏	润滑油量过大	调整供油量
		检查各处密封件是否有损坏	更换密封件
		管件损坏	更换管件
6	主轴无变速	变挡液压缸压力不足	检测工作压力,若低于额定压力,应调整
		变挡液压缸研损或卡死	修去毛刺或研伤,清洗后重装
		变挡液压缸拨叉脱落	修复或更换
		变挡液压缸窜油或内泄	更换密封圈
		变挡电磁阀卡死	检修电磁阀并清洗
		变挡复合开关失灵	更换开关

2. 滚珠丝杠传动副的故障诊断及维修方法(见表 5-2-5)

表 5-2-5　滚珠丝杠传动副的故障诊断及维修方法

序号	故障现象	故障原因	维修方法
1	加工件粗糙值高	导轨的润滑油不足,致使溜板爬行	加润滑油,排除润滑故障
		滚珠丝杠有局部拉毛或研损	更换或修理丝杠
		丝杠轴承损坏,运动不平稳	更换损坏轴承
		伺服电动机未调整好,增益过大	调整伺服电动机控制系统
2	反向误差大,加工精度不稳定	丝杠轴联轴器锥套松动	重新紧固并用百分表反复测试
		丝杠轴滑板配合压板过紧或过松	重新调整或修研,用 0.03 mm 塞尺塞不入为合格
		丝杠轴滑板配合楔铁过紧或过松	重新调整或修研,使接触率达 70% 以上,用 0.03 mm 塞尺塞不入为合格
		滚珠丝杠预紧力过紧或过松	调整预紧力,检查轴向窜动值,使其误差不大于 0.015 mm
		滚珠丝杠螺母端面与结合面不垂直,结合过松	修理、调整或加垫处理
		丝杠支座轴承预紧力过紧或过松	修理调整
		滚珠丝杠制造误差大或轴向窜动	用控制系统自动补偿功能消除间隙,用仪器测量并调整丝杠窜动
		润滑油不足或没有	调节至各导轨面均有润滑油
		其他机械干涉	排除干涉部位

序号	故障现象	故障原因	维修方法
3	滚珠丝杠在运转中转矩过大	滑板配合压板过紧或研损	重新调整或修研压板,使0.04 mm塞尺塞不入为合格
		滚珠丝杠螺母反向器损坏,滚珠丝杠卡死或轴端螺母预紧力过大	修复或更换丝杠并精心调整
		丝杠研损	更换
		伺服电动机与滚珠丝杠连接不同轴	调整同轴度并紧固连接座
		无润滑油	调整润滑油路
		超程开关失灵造成机械故障	检查故障并排除
		伺服电动机过热报警	检查故障并排除
4	丝杠螺母润滑不良	分油器是否分油	检查定量分油器
		油管堵塞	清除污物使油管畅通
5	滚珠丝杠副噪声	滚珠丝杠轴承压盖压合不良	调整压盖,使其压紧轴承
		滚珠丝杠润滑不良	检查分油器和油路,使润滑油充足
		滚珠产生破损	更换滚珠
		丝杠支承轴承可能破裂	更换轴承
		电动机与丝杠联轴器松动	拧紧联轴器锁紧螺钉
6	滚珠丝杠不灵活	轴向预加载荷太大	调整轴向间隙和预加载荷
		丝杠与导轨不平行	调整丝杠支座位置,使丝杠与导轨平行
		螺母轴线与导轨不平行	调整螺母座的位置
		丝杠弯曲变形	校直丝杠

3. 数控车床导轨的故障诊断及维修方法(见表 5-2-6)

表 5-2-6 数控车床导轨的故障诊断及维修方法

序号	故障现象	故障原因	维修方法
1	导轨研伤	机床经长期使用,地基与床身水平有变化,使导轨局部单位面积负荷过大	定期进行床身导轨的水平调整,或修复导轨精度
		长期加工短工件或承受过分集中的负荷,使导轨局部磨损严重	注意合理分布短工件的安装位置,避免负荷过分集中
		导轨润滑不良	调整导轨润滑油量,保证润滑油压力
		导轨材质不佳	采用电镀加热自冷淬火对导轨进行处理,导轨上增加锌铝铜合金板,以改善摩擦情况
		刮研质量不符合要求	提高刮研修复的质量
		机床维护不良,导轨里落入脏物	加强机床保养,保护好导轨防护装置

序号	故障现象	故障原因	维修方法
2	导轨上移动部件运动不良或不能移动	导轨面研伤	用 180# 砂布修磨机床导轨面上的研伤
		导轨压板研伤	卸下压板,调整压板与导轨间隙
		导轨镶条与导轨间隙太小,调得太紧	松开镶条止退螺钉,调整镶条螺栓,使运动部件运动灵活,保证 0.03 mm 塞尺不得塞入,然后锁紧止退螺钉
3	加工面在接刀处不平	导轨直线度超差	调整或修刮导轨,允差 0.015/500 mm
		工作台塞铁松动或塞铁弯度太大	调整塞铁间隙,塞铁弯度在自然状态下小于 0.05 m/ 全长
		机床水平度差,使导轨发生弯曲	调整机床安装水平,保证平行度、垂直度在 0.02/1 000 mm 之内

4. 数控车床液压驱动转塔刀架的故障诊断及维修方法(见表 5-2-7)

表 5-2-7　数控车床液压驱动转塔刀架的故障诊断及维修方法

序号	故障现象	故障原因	维修方法
1	转塔刀架没有抬起动作	控制系统是否有 T 指令输出信号	如未能输出,请电气人员排除
		抬起电磁铁断线或抬起阀杆卡死	修理或清除污物,更换电磁阀
		压力不够	检查油箱并重新调整压力
		抬起液压缸研损或密封圈损坏	修复研损部分或更换密封圈
		与转塔抬起连接的机械部分研损	修复研损部分或更换零件
2	转塔转位速度缓慢或不转位	检查是否有转位信号输出	检查转位继电器是否吸合
		转位电磁阀断线或阀杆卡死	修理或更换
		压力不够	检查是否有液压故障,调整到额定压力
		转位速度节流阀是否卡死	清洗节流阀或更换
		液压泵研损卡死	检修或更换液压泵
		凸轮轴压盖过紧	调整调节螺钉
		抬起液压缸体与转塔平面产生摩擦、研损	松开连接盘进行转位试验;取下连接盘配磨平面轴承下的调整垫并使相对间隙保持在 0.04 mm
		安装附具不配套	重新调整附具安装,减少转位冲击
3	转塔转位时碰牙	抬起速度或抬起延时时间短	调整抬起延时参数,增加延时时间

序号	故障现象	故障原因	维修方法
4	转塔不到位	转位盘上的撞块与选位开关松动,使转塔到位时传输信号超期或滞后	拆下护罩,使转塔处于正位状态,重新调整撞块与选位开关的位置并紧固
		上下连接盘与中心轴花键间隙过大,产生位移偏差大,落下时易碰牙顶,引起不到位	重新调整连接盘与中心轴的位置,间隙过大可更换零件
		转位凸轮与转位盘间隙大	塞尺测试滚轮与凸轮,将凸轮调至中间位置,转塔左右窜量保持在二齿中间,确保落下时顺利咬合;转塔抬起时用手摆,摆动量不超过二齿的1/3
		凸轮在轴上窜动	调整并紧固固定转位凸轮的螺母
		转位凸轮轴的轴向预紧力过大或有机械干涉,使转塔不到位	重新调整预紧力,排除干涉
5	转塔转位不停	两计数开关不同时,计数或复位开关损坏	调整两个撞块位置及两个计数开关的计数延时,修复复位开关
		转塔上的24 V电源断线	接好电源线
6	转塔刀重复定位精度差	液压夹紧力不足	检查压力并调到额定值
		上下牙盘受冲击,定位松动	重新调整固定
		两牙盘间有污物或滚针脱落在牙盘中间	清除污物保持转塔清洁,检修更换滚针
		转塔落下夹紧时有机械干涉(如夹铁屑)	检查排除机械干涉
		夹紧液压缸拉毛或研损	检修拉毛研损部分,更换密封圈
		转塔液压缸拉毛或研损	修理调整压板和楔铁,0.04 mm塞尺塞不入为合格

5. 数控车床辅助装置的故障诊断及维修方法

(1)尾座常见故障及其排除见表 5-2-8。

表 5-2-8　尾座常见故障及其排除

故障现象	故障排除
尾座主轴不能伸缩	1. 检查尾座主轴压力表值是否适当; 2. 检查尾座主轴伸缩电磁阀是否动作; 3. 检查控制尾座伸缩电磁阀的继电器动作是否正常; 4. 检查控制尾座主轴伸缩速度的节流阀的调整位置是否合适,是否被堵塞; 5. 检查尾座主轴的润滑情况,尾座主轴表面有无划伤、研坏的痕迹
尾座用回转顶尖转动异常	1. 检查尾座主轴的推力是否过大; 2. 检查回转顶尖内部的轴承是否损坏
尾座体推不动	1. 移动时,检查尾座夹紧装置是否松开; 2. 检查尾座导轨面的润滑情况,是否出现研坏现象

(2)排屑装置常见故障的诊断及维修方法见表 5-2-9。

表 5-2-9　排屑装置常见故障的诊断及维修方法

序号	故障现象	故障原因	维修方法
1	执行排屑器启动指令后,排屑器未启动	排屑器上的开关未接通	将排屑器上的开关接通
		排屑器控制电路故障	由数控机床的电气维修人员来排除故障
		电机保护热继电器跳闸	测试检查,找出跳闸的原因,排除故障后将热继电器复位
2	执行排屑器启动指令后,只有一个排屑器启动工作	另一个排屑器上的开关未接通	将未启动的排屑器上的开关接通
		控制电路故障	将未启动的排屑器上的开关接通
		电机保护热继电器跳闸	将未启动的排屑器上的开关接通
3	排屑器噪声增大	排屑器机械变形或有损坏	检查修理,更换损坏部分
		铁屑堵塞	及时将堵塞的铁屑清理掉
		排屑器固定松动	重新紧固
		电机轴承润滑不良,磨损或损坏	定期检修,加润滑脂,更换已损坏的轴承
4	排屑困难	排屑口被切屑卡住	及时清除排屑口积屑
		机械卡死	调整修理
		刮板式排屑器摩擦片的压紧力不足	调整碟形弹簧压缩量或调整压紧螺钉

任务三　数控车床液压系统的故障诊断和维修

【任务描述】

学习数控车床液压系统的知识以及故障诊断和维修方法。

【任务准备】

一、实训目标

1. 知识目标

（1）了解 MJ-50 数控车床液压系统工作原理及工作过程。

（2）了解 CK3225 数控车床液压系统工作原理及工作过程。

2. 技能目标

掌握数控车床液压系统常见故障及其维修方法。

3. 情感目标

(1)培养学员严谨、细致、规范的职业态度。

(2)培养学生的团队合作精神。

二、知识准备

数控机床对控制的自动化程度要求很高,液压与气压传动由于能方便地实现电气控制与自动化,从而成为数控机床中广为采用的传动与控制方式之一。

(一)MJ-50数控车床液压系统

MJ-50数控车床液压系统主要承担卡盘、回转刀架、刀盘及尾架套筒的驱动与控制。它能实现卡盘的夹紧与放松及两种夹紧力(高与低)之间的转换,回转刀盘的正反转及刀盘的松开与夹紧,尾架套筒的伸缩。液压系统的所有电磁铁的通、断均由数控系统用PLC来控制。整个系统由卡盘、回转刀盘与尾架套筒三个分系统组成,并以一变量液压泵为动力源。系统的压力调定为4MPa。如图5-3-1所示为MJ-50数控车床液压系统的原理图,各分系统的工作原理如下。

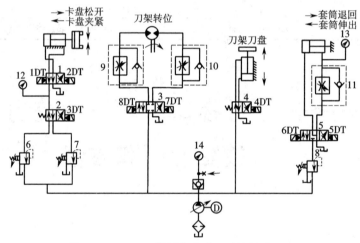

图 5-3-1 MJ-50 数控车床液压系统的原理图

1. 卡盘分系统

卡盘分系统的执行元件是一液压缸,控制油路则由一个有两个电磁铁的二位四通换向阀1、一个二位四通换向阀2、两个减压阀6和7组成。

高压夹紧:3DT失电、1DT得电,换向阀2和1均位于左位。分系统的进油路:液压泵→减压阀6→换向阀2→换向阀1→液压缸右腔。回油路:液压缸左腔→换向阀1→油箱。这时活塞左移使卡盘夹紧(称正卡或外卡),夹紧力的大小可通过减压阀6调节。由于阀6的调定值高于阀7,所以卡盘处于高压夹紧状态。松夹时,使2DT得电、1DT失电,阀1切换至右位。进油路:液压泵→减压阀6→换向阀2→换向阀1→液压缸左腔。回油路:液压缸右腔→换向阀1→油箱。活塞右移,卡盘松开。

低压夹装:油路与高压夹紧状态基本相同,唯一的不同是这时3DT得电而使阀2切换至右位,因而液压泵的供油只能经减压阀7进入分系统。通过调节阀7便能实现低压夹紧状态下的夹紧力。

2. 回转刀盘分系统

回转刀盘分系统有两个执行元件，刀盘的松开与夹紧由液压缸执行，而液压马达则驱动刀盘回转。故分系统的控制回路也有两条支路。第一条支路由三位四通换向阀 3 和两个单向调速阀 9 和 10 组成。通过三位四通换向阀 3 的切换控制液压马达即刀盘正、反转，而两个单向调速阀 9 和 10 与变量液压泵，则使液压马达在正、反转时都能通过进油路容积节流调速来调节旋转速度。第二条支路控制刀盘的放松与夹紧，是通过二位四通换向阀的切换来实现的。

刀盘的完整旋转过程：刀盘松开→刀盘通过左转或右转就近到达指定刀位→刀盘夹紧。因此，电磁铁的动作顺序是 4DT 得电（刀盘松开）→ 8DT（正转）或 7DT（反转）得电（刀盘旋转）→ 8DT（正转时）或 7DT（反转时）失电（刀盘停止转动）→ 4DT 失电（刀盘夹紧）。

3. 尾架套筒分系统

尾架套筒通过液压缸实现顶出与缩回。控制回路由减压阀 8、三位四通换向阀 5 和单向调速阀 11 组成，分系统通过调节减压阀 8，将系统压力降为尾架套筒顶紧所需的压力。单向调速阀 11 用于在尾架套筒伸出时实现回油节流调速控制伸出速度。所以，尾架套筒伸出时 6DT 得电，其油路为系统供油经阀 8、阀 5 左位进入液压缸的无杆腔，而有杆腔的液压油则经阀 11 的调速阀和阀 5 回油箱。尾架套筒缩回时 5DT 得电，系统供油经阀 8、阀 5 右位、阀 11 的单向阀进入液压缸的有杆腔，而无杆腔的油则经阀 5 直接回油箱。

通过上述系统的分析，不难发现数控机床液压系统的如下特点。

（1）数控机床控制的自动化程度要求较高，它对动作的顺序要求较严格，并有一定的速度要求。液压系统一般由数控系统的 PLC 或 PC 来控制，所以动作顺序直接用电磁换向阀切换来实现。

（2）由于数控机床的主运动已趋于直接用伺服电机驱动，所以液压系统的执行元件主要承担各种辅助功能，虽其负载变化幅度不是太大，但要求稳定。因此，常采用减压阀来保证支路压力的恒定。

（二）CK3225 数控车床液压系统

CK3225 数控车床可以车削内圆柱、外圆柱和圆锥及各种圆弧曲线，适用于形状复杂、精度高的轴类和盘类零件的加工。

如图 5-3-2 所示为 CK3225 系列数控车床的液压系统。它的作用是控制卡盘的夹紧与松开、主轴变挡、转塔刀架的夹紧与松开、转塔刀架的转位、尾座套筒的移动。

1. 卡盘支路

支路中减压阀的作用是调节卡盘夹紧力，使工件既能夹紧，又尽可能减小变形。压力继电器的作用是当液压缸压力不足时，立即使主轴停转，以免卡盘松动，将旋转工件甩出，危及操作者的安全以及造成其他损失。该支路还采用液控单向阀的锁紧回路。在液压缸的进、回油路中都串联液控单向阀（又称液压锁），活塞可以在行程的任何位置锁紧，其锁紧精度只受液压缸内少量的内泄漏影响，因此锁紧精度较高。

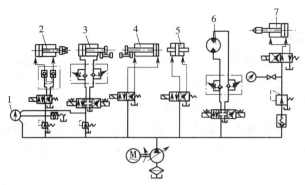

图 5-3-2　CK3225 数控车床的液压系统图

1—压力表;2—卡盘液压缸;3—变挡液压缸Ⅰ;4—变挡液压缸Ⅱ;
5—转塔夹紧缸;6—转塔转位液压马达;7—尾座液压缸

2. 液压变速机构

变挡液压缸Ⅰ回路中,减压阀的作用是防止拨叉在变挡过程中滑移齿轮和固定齿轮端部接触(没有进入啮合状态),如果液压缸压力过大会损坏齿轮。

液压变速机构在数控机床及加工中心得到普遍使用。如图 5-3-3 所示为一个典型液压变速机构的原理图。三个液压缸都是差动液压缸,用 Y 型三位四通电磁阀来控制。滑移齿轮的拨叉与变速油缸的活塞杆连接。当液压缸左腔进油右腔回油、右腔进油左腔回油、或左右两腔同时进油时,可使滑移齿轮获得左、右、中三个位置,达到预定的齿轮啮合状态。在自动变速时,为了使齿轮不发生顶齿而顺利地进入啮合,应使传动链在低速下运行。为此,对于采取无级调速电动机的系统,只需接通电动机的某一低速驱动的传动链运转;对于采用恒速交流电动机的纯分级变速系统,则需设置如图 5-3-3 所示的慢速驱动电动机 M2,在换速时启动 M2 驱动慢速传动链运转。自动变速的过程:启动传动链慢速运转→根据指令接通相应的电磁换向阀和主电动机 M1 的调速信号→齿轮块滑移和主电动机的转速接通→相应的行程开关被压下发出变速完成信号→断开传动链慢速转动→变速完成。

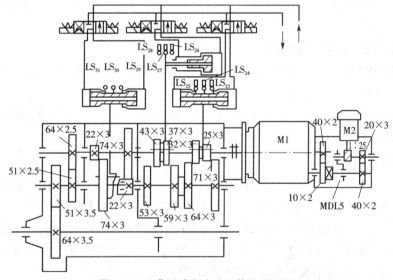

图 5-3-3　典型液压变速机构的原理图

3. 刀架系统的液压支路

根据加工需要，CK3225 数控车床的刀架有八个工位可供选择。转塔刀架采用回转轴线与主轴轴线平行的结构形式，如图 5-3-4 所示。

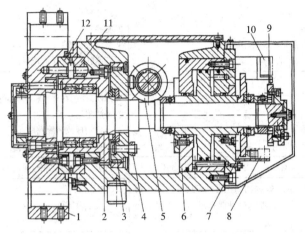

图 5-3-4 CK3225 数控车床刀架结构

1—刀盘；2—中心轴；3—回转盘；4—柱销；5—凸轮；6—液压缸；
7—盘；8—开关；9—选位凸轮；10—计数开关；11,12—鼠牙盘

刀架的夹紧和转动均由液压驱动。当接到转位信号后，液压缸 6 后腔进油，将中心轴 2 和刀盘 1 抬起，使鼠牙盘 12 和 11 分离；随后液压马达驱动凸轮 5 旋转，凸轮 5 拨动回转盘 3 上的八个柱销 4，使回转盘带动中心轴 2 和刀盘旋转。凸轮 5 每转一周，拨过一个柱销，使刀盘转过一个工位；同时，固定在中心轴 2 尾端的八面选位凸轮 9 相应压合计数开关 10 一次。当刀盘转到新的预选工位时，液压马达停转：液压缸 6 前腔进油，将中心轴和刀盘拉下，两鼠牙盘啮合夹紧，这时盘 7 压下开关 8，发出转位停止信号。该结构的特点是定位稳定可靠，不会产生越位；刀架可正反两个方向转动；会自动选择最近的回转行程，缩短了辅助时间。

【任务实施】

数控车床液压系统常见故障及其维修方法参见表 5-3-1。

表 5-3-1　数控车床液压系统常见故障及其维修方法

序号	故障现象	故障原因	维修方法
1	系统没有压力或压力提不高	液压泵: 1. 转向错误; 2. 零件损坏; 3. 运动件磨损间隙过大,泄漏严重; 4. 进油吸气、排油泄漏	1. 纠正转向; 2. 更换; 3. 修复或更换; 4. 拧紧接处,保证密封
		溢流阀: 1. 阀在开口位置被卡住,无法建立压力; 2. 阻尼孔堵塞; 3. 阀中钢球与管座密合不严; 4. 弹簧变形或折断	1. 修研,使阀在体内移动灵活; 2. 清洗阻尼通道; 3. 更换钢球或研配阀座; 4. 更换弹簧
		液压缸因间隙过大或密封圈损坏,使高低压互通	修配活塞或更换密封圈
		压力油路上某些阀(例如止通阀、远控阀、调压阀等),由于污物或其他原因使阀在开口处被卡住而卸筒	寻找故障部位,清洗或修研,使阀在阀体中移动灵活
		压力油路上泄漏	拧紧各接处,排除泄漏
		压力表失灵损坏,不能反映系统的实际压力	更换压力表
2	系统爬行	空气侵入液压系统: 1. 油面过低,吸油不畅; 2. 吸油口处滤油器被堵,形成局部真空; 3. 吸、排油管相距太近,排油飞溅吸入气泡; 4. 回油管在油面上,停机时空气侵入系统; 5. 接头密封不严,空气侵入; 6. 元件密封质量差,空气侵入	1. 加足油液在油标线上; 2. 拆卸清洗,换掉脏油; 3. 两者适当远离; 4. 将同油管插入油液中; 5. 拧紧接头螺纹,严防空气侵入; 6. 修正或更换,保证密封
		摩擦阻力变化: 1. 导轨精度不好,局部阻力变化,接触不良,油膜不易形成; 2. 液压缸中心线与导轨不平行,活塞杆弯曲,缸孔拉毛,活塞与活塞杆不同轴等,产生不均匀的摩擦力; 3. 润滑情况不良,缺乏润滑油,导轨刮研点过多或过少,润滑条件较差不能形成油膜,使摩擦因数变化; 4. 滑板的镶条或压板调整太紧以及镶条弯曲等	1. 恢复导轨规定精度,对新导轨或重新刮研过的导轨,可在导轨接触面均匀地涂上一层薄薄的氧化铬,用手动方法使一对研几次,减少刮研点引起的阻力; 2. 相应重装、校直、修复、更换、配制等; 3. 根据故障原因,采取相应措施,采用黏性较大的油,可使摩擦因数在很大速度范围内保持常量; 4. 重新进行调整或修刮镶条,使运动部件移动无阻滞现象

序号	故障现象	故障原因	维修方法
3	系统产生噪声和振动	液压泵外界因素有： 1. 液压泵吸油口密封不严，引起空气侵入； 2. 油箱中的油液不足； 3. 吸油管浸入油箱太少； 4. 液压泵吸油位置太高； 5. 油液黏度太大，增加流动阻力； 6. 液压泵吸油口面积过小，造成吸油不畅； 7. 过滤器表面被污物阻塞	1. 拧紧进油口螺母； 2. 加油至油标线上； 3. 将吸油管浸入油箱的 2/3 高度处； 4. 调整并使液压泵吸油口至进油口不超过 500 mm； 5. 更换黏度较小的油液； 6. 将进油管口斜切成 45°，以增加吸油面积； 7. 清除附着在滤油器上的污物
		液压泵内部因素有： 1. 齿轮泵的齿形精度不高，叶片泵的叶片卡死、断裂或配合不良，柱塞泵的柱塞卡死或移动不灵活； 2. 液压泵内零件磨损，轴向、径向间隙过大，油量不足，压力波动	1. 修复或更换损坏零件； 2. 修复或配换有关零件
		溢流阀作用失灵： 1. 阀座损坏； 2. 油口杂质较多，将阻尼孔堵塞； 3. 阀与阀体孔配合间隙过大； 4. 弹簧疲劳或损坏，使阀移动不灵活； 5. 因拉毛或污物等使阀在阀体孔内移动不灵活	1. 修复阀座； 2. 疏通阻尼孔； 3. 研磨阀孔，更换新阀，修配间隙； 4. 更换弹簧； 5. 去毛刺，清除阀体内脏物，使其移动灵活、无阻滞现象
		油管管道碰击： 1. 管道细长，没有用管夹装置固定而叠在一起，造成进回油互相碰击； 2. 吸油管距回油管太近	1. 尽可能使管道之间、管道与机床之间保持一定距离； 2. 使两者适当远离
		电磁铁失灵： 1. 电磁铁焊接不良； 2. 弹簧损坏或过硬； 3. 滑阀在阀体中卡住	1. 重新焊接； 2. 更换弹簧； 3. 研配滑阀，使其在阀体内移动灵活
		其他因素： 1. 液压泵电动机联轴器不同轴或松动； 2. 运动件换向时缺乏阻尼； 3. 管道泄漏或油管没有浸入油池而造成大量空气进入系统； 4. 液压泵及电动机振动而引起液压元件的振动	1. 使联轴器同轴度在 0.1 mm 之内，最好在联轴器销座内装橡皮垫圈； 2. 增设或调整换向阀的阻尼器，使换向平稳、无冲击； 3. 紧固各连接处，并将主要回油管浸入油箱； 4. 平衡各运动部件

序号	故障现象	故障原因	维修方法
4	油温过高	液压系统设计不太理想,系统在非工作过程中有大量的压力油损耗	合理地选用液压泵,按工作速度要求调节泵的吸油量;采用差动式的溢流阀使液压泵自动卸荷,这样可以减少溢流阀在节流调速时大量油液溢向油箱而发热;采用出口节流;将闭式系统改为开式系统,以改善散热条件(以不影响工作性能为准)
		压力调整不当,比实际所需偏离较多	合理调整系统压力,在满足机床正常工作的前提下尽量调低;如在装有背压阀的油路中,背压阀的压力调整,在保证工作速度稳定的前提下尽量调低;对于大批量生产,其压力应按加工零件所需的切削力、系统的背压和摩擦力来调整
		液压泵及各连接处的泄漏造成容积损失而发热	紧固各连接处,严防泄漏
		油管过细、油路过长、弯曲太多等因素造成压力损失而发热	将油管适当加粗,特别是总回油管应保证回油舒畅,增加进油管口的吸油面积(斜切45°),尽量减小弯曲,缩短管道
		滑阀与阀体、活塞杆与油封等液压系统内各相对运动零件的机械摩擦生热	修复时注意提高各相对运动零件的加工精度(如滑阀)和各液压元件的装配精度(如液压缸),改善相对运动零件间的润滑条件(如导轨润滑等)
		油箱散热性能差和容积小	对于精密液压传动机床,不宜以床身作油箱,应在机床外另设油箱以减少机床的热变形,如果油箱的容积小,可适当加大油箱的容积,以改善散热条件,必要时还可采用强迫冷却,如增加冷却装置等
		油液黏度太大,增加了摩擦发热,周围温度高,切削热等使油温过高	合理选择油液的黏度和油液的质量,最好使用温度升高时黏度变化最小的油液,减少和隔绝外界热流
5	快速行程时工作速度不够	液压泵供油量不足,压力不够: 1. 液压泵吸空; 2. 液压泵磨损,容积效率下降; 3. 电动机转速低	1. 检查,按泵的轴向和径向配合间隙要求修泵; 2. 更换液压泵; 3. 检查电动机转速
		安全溢流阀失灵: 1. 溢流阀弹簧调整太松; 2. 溢流阀弹簧太软或失效	1. 调节溢流阀; 2. 更换弹簧
		油液串腔,活塞与液压缸配合间隙过大	修复液压缸,保证密封
		系统漏油	检查泄漏原因并进行妥善处理

序号	故障现象	故障原因	维修方法
6	启动开停阀（开关）工作台不运动	系统压力建立不起来，油量不足： 1. 电动机转向不对，转速不够； 2. 油温低或黏度大； 3. 液压泵故障； 4. 溢流阀故障； 5. 系统漏油	1. 重新接线纠正转向，纠正电动机转速； 2. 开开停停重复几次，使系统升温； 3. 修复、更换液压泵； 4. 更换溢流阀； 5. 检查漏油原因并进行妥善处理
		换向阀不换向： 1. 污物卡死； 2. 电磁铁损坏或力量不足； 3. 滑阀拉毛或卡死； 4. 有中间位置的阀的弹簧力超过电磁铁吸力或弹簧折断； 5. 滑阀摩擦力过大	1. 清洗换向阀，排除污物； 2. 更换电磁铁； 3. 清洗、修研滑阀； 4. 更换弹簧； 5. 检查滑阀配合及两端密封阻力
		电器失灵	检查电器部位进行即时处理
		液压泵供油不足	检修排除
7	工作时产生冲击	1. 导向阀或换向阀的制动锥斜角太大，致使换向时的液流速度变化剧烈； 2. 节流缓冲失灵——单向节流缓冲装置中节流阀磨损，单向阀密封不严或其他泄漏之处； 3. 工作压力调整过高； 4. 溢流阀存在故障，使压力突然升高； 5. 背压阀压力太低或存在故障； 6. 油液黏度太小； 7. 用针阀节流缓冲时，因节流变化大，且稳定性差； 8. 系统中有大量的空气	1. 减小滑阀的制动锥斜角，或增加制动锥度的长度； 2. 作对应修复或更换； 3. 调整压力阀，适当降低工作压力； 4. 参照溢流阀有关故障的排除方法排除； 5. 适当提高背压阀的压力，或排除其故障； 6. 更换黏度较大的油液； 7. 改针阀式节流为三角槽式节流； 8. 排除系统中的空气
8	尾座不紧或不运动	1. 压力不足； 2. 液压缸活塞拉毛或研损； 3. 密封圈损坏； 4. 液压阀断线或卡死； 5. 套筒研损	1. 用压力表检查； 2. 更换或维修； 3. 更换密封圈； 4. 清洗、更换阀体或重新接线； 5. 修理研损部件
9	导轨润滑不良	1. 分油器堵塞； 2. 油管破裂或渗漏； 3. 没有气体动力源； 4. 油路堵塞	1. 更换损坏的定量分油器； 2. 修理或更换油管； 3. 查气动柱塞泵有否堵塞，是否灵活； 4. 清除污物，使油路畅通
10	滚珠丝杠润滑不良	1. 分油管可能不分油； 2. 油管堵塞	1. 检查定量分油器； 2. 清除污物，使油路畅通

附录一 数控车床工(技师)鉴定模拟试卷

理论考核部分

一、判断题(将判断结果填入括号,正确的画"√",错误的画"×"。每题 0.5 分,共 20 分)

(　　)1. 将薄壁工件装夹在花盘上车削的目的是将径向夹紧改成轴向夹紧。

(　　)2. 工件定位中,限制的自由度数少于六个的定位一定不会是过定位。

(　　)3. 职业道德是指人们在履行本职工作中所应遵守的规章制度。

(　　)4. 为防止工件变形,夹紧部位尽可能与支承件靠近。

(　　)5. 编制程序时一般以机床坐标系零点作为坐标原点。

(　　)6. C 功能刀具半径补偿能自动处理两个程序段刀具中心轨迹的转接,编程人员可完全按工件轮廓编写。

(　　)7. 测量偏心距为 5 mm 偏心轴时,工件旋转一周,百分表指针应转动五圈。

(　　)8. 画零件图时,可用标准规定的统一画法来代替真实的投影图。

(　　)9. 每当数控装置发出一个脉冲信号,就使步进电机的转子旋转一个固定角度,该角度称为步距角。

(　　)10. 在不产生振动的前提下,主偏角越大,刀具寿命越长。

(　　)11. 偏刀车端面,采用从中心向外进给,不会产生凹面。

(　　)12. 沿两条或两条以下在轴向等距分布的螺旋线所形成的螺纹,叫多线螺纹。

(　　)13. 斜视图的作用是表达机件倾斜部分的真实形状。

(　　)14. 以冷却为主要作用的切削液是切削油。

(　　)15. 液压元件按其功能可分为四个部分,即动力部分、执行部分、控制部分和辅助部分。

(　　)16. 液压传动中,压力的大小取决于油液流量的大小。

(　　)17. 最为常用的刀具材料是高速钢和硬质合金。

(　　)18. 切削钢材一般选用钨钴类硬质合金。

(　　)19. 用攻丝法加工螺纹时,直径小于 M16 的常用手动攻丝法,大于 M16 的用机动攻丝法。

（　）20. 画装配图要根据零件图的实际大小和复杂程度,确定合适的比例和图幅。

（　）21. 深孔加工的关键是如何解决深孔钻的几何形状和冷却、排屑问题。

（　）22. 检查各控制箱的冷却风扇是否正常运转是数控车床的操作规程之一。

（　）23. 划线盘划针的直头端用来划线,弯头端用于对工件安放位置的找正。

（　）24. 安全离合器是定转矩装置,可用来防止机床工作时因超载而损坏零件。

（　）25. 若油缸两腔油压 P 相等,两活塞杆直径 D 相等,则双活塞杆油缸向左和向右两个方向的液压推力 F 不等。

（　）26. 旋转变压器是一种具有电动机结构的转角检测装置。

（　）27. 不同相数的步进电动机的启动转矩不同,一般相数越多,拍数越多,则启动转矩越大。

（　）28. 为保证数控机床安全可靠工作,高速数控机床必须采用高速动力卡盘,而不能用一般卡盘。

（　）29. 硬质合金是在钢中加入较多的钨、钼、铬、钒等合金元素,用于制造形状复杂的切削刀具。

（　）30. 纯铁在精加工时的切削加工性能不好。

（　）31. 数控机床数控部分出现故障死机后,数控人员应关掉电源再重新开机,然后执行程序即可。

（　）32. FMS 的工件输送系统按所用运输工具可分为自动传送车、轨道传送系统、带式传送系统、机器人传送系统四大类。

（　）33. 若一台微机感染了病毒,只要删除所有带毒文件,就能消除所有病毒。

（　）34. 粗基准因精度要求不高,所以可以重复使用。

（　）35. 尺寸链是在设计图样上相互联系且按一定顺序排列的封闭尺寸配合。

（　）36. 交流变频调速,当低于额定频率调速时,要保证 $U/f=$ 常数,也就是随着频率的下降,电压保持不变。

（　）37. 图样上绘制斜度及锥度的符号时,要注意其方向。

（　）38. P 类硬质合金车刀适用于加工长切屑的黑色金属。

（　）39. 高速钢刀具的韧性虽然比硬质合金刀具好,但也不能用于高速切削。

（　）40. 滚珠丝杠不适用于升降类进给传动机构。

二、选择题（选择一个正确的答案,将相应的字母填入题内的括号中。每题 1 分,共 40 分）

1. 安全管理可以保证操作者在工作时的安全或提供便于工作的（　　　）。

A. 生产场地　　　　B. 生产环境　　　　C. 生产空间　　　　D. 生产车间

2. 用中心架支承工件车内孔时,如内孔出现倒锥,则是由于中心架中心偏向（　　　）所造成的。

A. 操作者一方　　B. 操作者对面　　C. 座　　　　　　D. 卡盘

3.通过分析装配视图,掌握该部件的形体结构,彻底了解( )的组成情况,弄懂各零件的相互位置、传动关系及部件的工作原理,想象出各主要零件的结构形状。

    A. 零部件   B. 装配体   C. 位置精度   D. 相互位置

4.退火、正火一般安排在( )之后。

    A. 毛坯制造   B. 粗加工   C. 半精加工   D. 精加工

5.编排数控加工工序时,采用一次装夹,工件上多工序集中加工原则的主要目的是( )。

    A. 简化加工程序   B. 减少空运动时间

    C. 减少重复定位误差   D. 简化加工程序

6.蜗杆分度圆直径实际上就是( ),其测量的方法和三针测量普通螺纹中径的方法相同,只是千分尺读数值 M 的计算公式不同。

    A. 中径   B. 大径   C. 齿距   D. 模数

7.加工细长轴要使用中心架和跟刀架,以增加工件的( )刚性。

    A. 工作   B. 加工   C. 回转   D. 夹装

8.把直径为 D_1 的大钢球放入锥孔内,用高度尺测出钢球 D_1 最高点到工件的距离,通过计算可测出工件( )的大小。

    A. 圆锥角   B. 小径   C. 高度   D. 孔径

9.程序段 G91 G03 X50 Z-30 I10 K-30,其中 I、K 表示( )。

    A. 圆弧终点坐标   B. 圆心相对圆弧起点的增量

    C. 圆弧起点坐标   D. 圆心相对圆弧终点的增量

10.热继电器在控制电路中所起的作用是( )。

    A. 短路保护   B. 过载保护   C. 失压保护   D. 过电压保护

11.产生机械加工精度误差的主要原因是( )。

    A. 润滑不良   B. 机床精度下降   C. 材料不合格   D. 空气潮湿

12.数控车床能进行螺纹加工,其主轴上一定安装了( )。

    A. 测速发电机   B. 脉冲编码器   C. 温度控制器   D. 光电管

13.高速钢又称风钢、锋钢或白钢。高速钢刀具切削时能承受( )的温度。

    A.540～600 ℃   B.600～800 ℃   C.800～1 000 ℃   D.1 000 ℃以上

14.某轴直径为 30 mm,当实际加工尺寸为 ϕ 29.979 mm 时,允许的最大弯曲值为( )mm。

    A.0   B.0.01   C.0.021   D.0.015

15.绝大部分的数控系统都装有电池,它的作用是( )。

    A. 给系统的 CPU 运算提供能量,更换电池时一定要在数控系统断电的情况下进行

    B. 在系统断电时,用电池储存的能量来保持 RAM 中的数据,更换电池时一定要在数控系统通电的情况下进行

    C. 为检测元件提供能量,更换电池时一定要在数控系统断电的情况下进行

D. 在突然断电时，为数控机床提供能量，使机床能暂时运行几分钟，以便退出刀具，更换电池时一定要在数控系统通电的情况下进行

16. 用两顶尖测量较小的偏心距时，其偏心距应是百分表指示的最大值与最小值之（　　）。

A. 差的一倍多　　　　B. 差　　　　　　C. 差的一半　　　　D. 无法确定

17. 限位开关在机床中所起的作用是（　　）。

A. 短路开关　　　　　B. 过载保护　　　　C. 欠压保护　　　　D. 行程控制

18. 车削薄壁零件的关键是（　　）。

A. 强度　　　　　　　B. 刚度　　　　　　C. 变形　　　　　　D. 同轴度

19. 具有"在低速移动时不易出现爬行现象"特点的导轨是（　　）。

A. 滑动导轨　　　　　　　　　　　　　B. 铸铁 - 淬火钢导轨

C. 滚动导轨　　　　　　　　　　　　　D. 静电导轨

20. 数控机床位置检测装置中，（　　）属于旋转型检测装置。

A. 光栅尺　　　　　　B. 磁栅尺　　　　　C. 感应同步器　　　D. 脉冲编码器

21. 数控机床液压系统的用途有（　　）。

A. 卡盘及顶尖的控制　　　　　　　　　B. 切屑清理

C. 电磁阀控制　　　　　　　　　　　　D. 刀具控制

22. 车削中心与数控车床的主要区别是（　　）。

A. 刀库的刀具数多少　　　　　　　　　B. 有动力刀具和 C 轴

C. 机床精度的高低　　　　　　　　　　D. 有自动排屑装置

23. 按 ISO 1832—1991 国标，机夹式可转位刀片的代码由（　　）位字符串组成。

A.6　　　　　　　　　B.8　　　　　　　　C.9　　　　　　　　D.10

24. 加工薄壁套筒时，车刀应选用（　　）的后角。

A. 较大　　　　　　　B. 较小　　　　　　C. 中等　　　　　　D. 任何角度

25. 零件加工长度与直径比不是很大、余量较小、需多次安装的细长轴采用（　　）装夹方法。

A. 两顶尖　　　　　　B. 一夹一顶　　　　C. 中心架　　　　　D. 跟刀架

26. 零件加工深孔，加工直径较大和较深的孔，可采用（　　）挤压的方法进行精加工。

A. 钢球　　　　　　　B. 钢柱　　　　　　C. 硬质合金　　　　D. 高速钢

27. 零件加工深孔，半精加工的余量不宜过大，一般在（　　）mm，为精加工创造良好条件。

A.0.4 ～ 0.5　　　　　B.0.3 ～ 0.4　　　　C.0.2 ～ 0.3　　　　D.0.05 ～ 0.2

28. 主轴毛坯锻造后需进行（　　）热处理，以改善切削性能。

A. 正火　　　　　　　B. 调质　　　　　　C. 淬火　　　　　　D. 退火

29. 数控机床的位置精度主要指标有（　　）。

A. 定位精度和重复定位精度　　　　　　B. 分辨率和脉冲当量

C. 主轴回转精度　　　　　　　　　　　　D. 几何精度

30. 中间工序的工序尺寸公差按（　　　）。

A. 上偏差为正，下偏差为零标准　　　　　B. 下偏差为负，上偏差为零标准

C."入体"原则标准　　　　　　　　　　　D."对称"原则标准

31. 钨钴类硬质合金的刚性、可磨削性和导热性较好，一般用于切削（　　　）和有色金属及其合金。

A. 碳钢　　　　　　B. 工具钢　　　　　　C. 合金钢　　　　　　D. 铸铁

32. 粗加工应选用（　　　）。

A.3%～5%的乳化液　　　　　　　　　　B.10%～15%的乳化液

C. 切削液　　　　　　　　　　　　　　　D. 煤油

33. 莫尔条纹的形成主要是利用光的（　　　）现象。

A. 透射　　　　　　B. 干涉　　　　　　C. 反射　　　　　　D. 衍射

34. 为了降低残留面积高度，以便减小表面粗糙度值，（　　　）对其影响最大。

A. 主偏角　　　　　　B. 副偏角　　　　　　C. 前角　　　　　　D. 后角

35. 游标卡尺以 20.00 mm 块规校正时，读数为 19.95 mm，若测得工件读数为 15.40 mm，则实际尺寸为（　　　）mm。

A.15.45　　　　　　B.15.30　　　　　　C.15.15　　　　　　D.15.00

36. 钻 $\phi 3$～20 mm 小直径深孔时，应选用（　　　）比较适合。

A. 外排屑枪孔钻　　　　　　　　　　　　B. 高压内排屑深孔钻

C. 喷吸式内排屑深孔钻　　　　　　　　　D. 麻花钻

37. 在车床上铰孔，发现铰后孔比刀直径小，其原因是（　　　）。

A. 热膨胀　　　　　　B. 刀具磨损　　　　　　C. 进给速度快　　　　　　D. 刀具打滑

38. 数控机床切削精度检验又称（　　　），是对机床几何精度和定位精度的一项综合检验。

A. 静态精度检验，是在切削加工条件下　　B. 动态精度检验，是在空载条件下

C. 动态精度检验，是在切削加工条件下　　D. 静态精度检验，是在空载条件下

39. 在运算指令中，#i=ATAN[#j] 代表的意义是（　　　）。

A. 余切　　　　　　B. 反正切　　　　　　C. 切线　　　　　　D. 反余切

40. 干切削技术对刀具性能、机床结构、工件材料及工艺过程等提出了新的要求，下列说法中不正确的是（　　　）。

A. 干切削要求刀具具有极高的红硬性和热韧性，良好的耐磨性、耐热冲击和抗黏结性

B. 设计干切削机床时要考虑的特殊问题主要有两个：一是切削热的迅速散发；另一个是切削和灰尘的快速排出

C. 金刚石（PCD）刀具宜于在干切削中用来加工钢铁工件

D. 聚晶立方氮化硼（PCBN）刀具能够对淬硬钢、冷硬铸铁进行干切削

三、简答题(每题 5 分,共 6 题)

1. 难加工材料是从哪三个方面来衡量的?

2. 简述数控机床控制系统因故障类型不同,大体有哪些检查方法?

3. 车削螺纹时,螺距精度超差从机床方面考虑,是由哪些原因造成的?

4. 保证套类零件的同轴度、垂直度有哪些方法?

5. 推行刀具的标准化工作与数控加工有何关系?

6. 表面粗糙度对机器零件使用性能有何影响?常用检查表面粗糙度的方法有哪些?

四、综合题(每题 5 分,共 2 题)

1. 如图 F1-1 所示,已知主视图、左视图,补画俯视图。

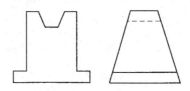

图 F1-1　主视图和左视图

2. 用三针量法测量 M24×2 的螺纹,测得千分尺的读数 $M=24.70$ mm。量针 d_0 和螺距 P 的关系式见表 F1-1,求被测螺纹中径 d_2 等于多少?

表 F1-1　三针量法测量螺纹的简化公式一览表

螺纹牙型角	量针 d_0 简化计算公式	千分尺应测得读数的简化公式
29°	$d_0=0.516P$	$M=d_2+4.994d_0-1.933P$
30°	$d_0=0.518P$	$M=d_2+4.864d_0-1.886P$
40°	$d_0=0.533P$	$M=d_2+3.924d_0-1.374P$
55°	$d_0=0.564P$	$M=d_2+3.166d_0-0.96P$
60°	$d_0=0.577P$	$M=d_2+3d_0-0.866P$

技能操作考核部分

考核试题(见图 F1-2 零件图及图 F1-3 装配图)。

1. 用 CAD 抄画件 1 零件图并仿真加工(或用 CAD/CAM 进行零件造型、生成加工轨迹并仿真加工)(15%)。

2. 填写加工工序卡片及刀具卡片(10%)。

3. 按图纸要求加工组合零件。(零件加工 70%,现场操作规范 5%)

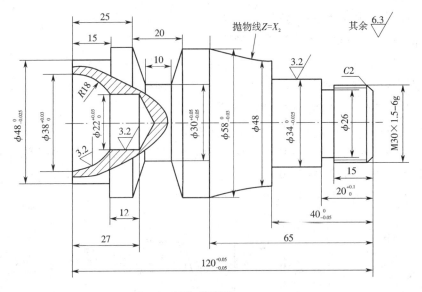

件1零件图

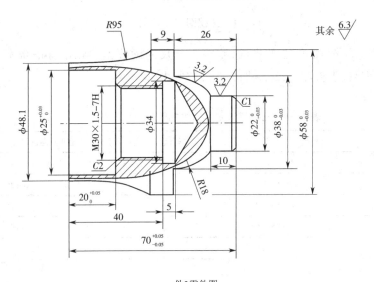

件2零件图

图 F1-2　零件图

注意：不得用油石、砂布等工具对表面进行修饰加工；件1与件2装配，满足（165±0.1）mm 和（1±0.05）mm，圆弧接触面积大于 60%，螺纹配合松紧度适中。

考核注意事项：

①安全文明生产贯穿于整个技能考核的全过程；

②考生在技能考核中，违犯安全文明生产考核要求同一项内容的，要累计扣分；

③出现严重违犯考场纪律或发生重大事故，本次技能考核视为不合格。

技能操作考核图见图 F1-3。

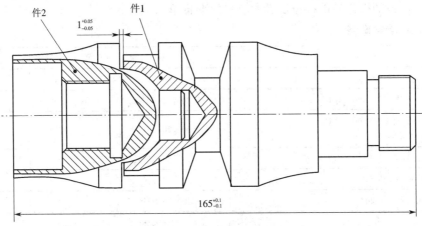

图 F1-3 技能操作考核图

数控加工的工序卡和刀具卡见表 F1-2 和表 F1-3。

表 F1-2 数控加工工序卡

单位名称			产品名称	零件名称		零件图号	
工序号		程序编号	夹具名称	使用设备		车间	
工步号	工步内容	刀具号	刀具规格	主轴转速 / （r/min）	进给速度 / （mm/min）	背吃刀量 / mm	备注
1							
2							
3							

表 F1-3 数控加工刀具卡

产品名称		零件名称		零件图号		程序号	
工步号	刀具号	刀具名称	刀具型号	刀具		补偿量 /mm	备注
				直径 /mm	刀长 /mm		
1							
2							
3							

数控车工技师操作技能模拟试卷考核材料准备单如下。

一、刀具、量具准备

序号	名　称	规　格	数　量	备　注
1	切断刀(YT15)	20×20×4(25×25×4)	1	
2	外螺纹刀(YT15)60°、P1.5	20×20(25×25)	2	
3	内螺纹刀(YT15)60°、P1.5 内螺纹长40	20×20(25×25)	1	
4	外圆刀(YT15)93°（刀尖角35°）	20×20(25×25)	2	
5	外圆刀(YT15)90°,45°	20×20(25×25)	各1	
6	内孔镗刀(>φ20)	20×20(25×25)	1	
7	中心钻、钻头	B3、φ20	各1	
8	游标卡尺	0～200 mm(0.02)	1	
9	外径千分尺	0～25、25～50、50～75	各1	
10	磁力表座		1	
11	内径百分表	18～35、35～50	1	
12	螺纹环规	M30×1.5-6 g	1	
13	螺纹塞规	M30×1.5-7 H	1	

二、设备及材料准备

（1）材料准备：45#，φ60×125 和φ60×75 棒料，各1件。

（2）设备准备：数控车床(CK6140/CK6136)，三爪扳手，刀架扳手，前后顶尖等辅助工具。

三、数控车工技师操作技能模拟试题考试评分表

（1）数控车工技师操作技能考核总成绩表。

序号	项目名称	配分	得分	备注
1	现场操作规范	5		
2	工件质量	70		
3	数控CAD、仿真	15		
4	工艺分析与讲解	10		
	合计	100		

（2）现场操作规范评分表。

序号	项目	考核内容	配分	考场表现	得分
1		工具的正确使用	1		
2	现场操作	量具的正确使用	1		
3	规范	刀具的合理使用	1		
4		设备正确操作和维护保养	2		
		合计	5		

（3）工序制订及编程评分表。

序号	项目	考核内容	配分	实际情况	得分
1	工序制订	选择刀具正确	5		
2		工序制订合理	5		
合计			10		

（4）数控车工技师操作技能模拟试卷零件加工质量考试评分表。

序号	件号	考核内容	配分 IT/Ra	评分标准	检测精度 尺寸精度	检测精度 粗糙度	得分
1	件1	$\phi 48^{0}_{-0.025}$	3/1	超差不得分			
2		$\phi 38^{+0.03}_{0}$	3/1	超差不得分			
3		$\phi 22^{+0.03}_{0}$	2/1	超差不得分			
4		$\phi 30 \pm 0.05$	3/1	超差不得分			
5		$\phi 58^{0}_{-0.03}$	3/1	超差不得分			
6		$\phi 34^{0}_{-0.025}$	3/1	超差不得分			
7		$\phi 48.1$	2/1	超差不得分			
8		$\phi 26$	1/1	超差不得分			
9		M30×1.5-6g	3/1	超差不得分			
10		120 ± 0.05	2	超差不得分			
11		$40^{0}_{-0.05}$	2	超差不得分			
12		$20^{+0.1}_{0}$	2	超差不得分			
13		$R18$	3/1	超差不得分			
14		抛物线	5/1.5	超差不得分			
15		倒角 $C2$	1.5	超差不得分			
16		其他未注公差尺寸	4	每超差1处扣1分,扣完为止			

序号	件号	考核内容	配分 IT/Ra	评分标准	检测精度		得分
					尺寸精度	粗糙度	
17	件2	$\phi 22^{0}_{-0.03}$	3/1	超差不得分			
18		$\phi 58^{0}_{-0.03}$	3/1	超差不得分			
19		$\phi 38^{0}_{-0.03}$	3/1	超差不得分			
20		$\phi 48.1$	3/1	超差不得分			
21		$\phi 42^{+0.03}_{0}$	3/1	超差不得分			
22		M30×1.5-7H	3/1	超差不得分			
23		$20^{+0.05}_{0}$	2	超差不得分			
24		70±0.05	2	超差不得分			
25		$R18$	2/1	超差不得分			
26		$R95$	2/1	超差不得分			
27		倒角 $C1$	1	超差不得分			
28		倒角 $C2$	1	超差不得分			
29		其他未注公差尺寸	2	每超差1处扣1分，扣完为止			
30	配合	165±0.1	3	超差不得分			
31		1±0.05	2	超差不得分			
32	其他	棱边倒钝	2	不符不得分			
33		安全操作规程		按有关规定，每违反一项从总分中扣3分。发生重大事故取消考试。扣分不超过10分			
总配分			100分	总得分			
考试时间		300 min	开始时间		结束时间		

理论部分参考答案

一、判断题

1. √;2.×;3.×;4. √;5.×;6. √;7.×;8. √;9. √;10.×;11. √;12. √;13. √;14.×;15. √;16.×;17. √;18.×;19. √;20.×;21. √;22.×;23. √;24. √;25.×;26. √;27. √;28. √;29.×;30. √;31.×;32. √;33.×;34.×;35. √;36.×;37. √;38. √;39. √;40. √。

二、选择题

1.B;2.B;3.B;4.A;5.C;6.A;7.D;8.A;9.B;10.B;11.B;12.B;13.A;14.C;15.B;16.C;17.D;18.C;19.C;20.D;21.A;22.B;23.C;24.A;25.A;26.C;27.D;28.A;29.A;30.C;31.D;32.A;33.D;34.B;35.A;36.A;37.A;38.C;39.B;40.C。

三、简答题

1. 答:所谓难加工材料,从已加工表面的质量及切屑形成和排出的难易程度三个方面来衡量。只要上述三个方面中有一项明显差,就可称为是难加工材料。

2. 答:(1)常规检查,包括①外观检查,②连接线、连接电缆检查,③连接端及接插件检查,④电源电压检查;(2)面板显示与指示灯分析;(3)信号追踪法;(4)系统分析法。

3. 答:主要有以下 2 个方面原因:(1)丝杆的轴向窜动量超差;(2)从主轴至丝杆间的传动链传动误差超差。

4. 答:主要有以下 3 种方法:(1)在一次装夹中加工内外圆和端面;(2)以内孔为基准使用心轴来保证位置精度;(3)以外圆为基准用软卡爪装夹来保证位置精度,但软卡爪一般只能保证位置精度 0.05 mm 以内。

5. 答:推行刀具的标准化工作可以在数控加工时减少辅助时间,不断提高产品质量和生产效率,节省刀具费用,减轻操作者的劳动强度。既满足了数控车床加工的需要,又缩短了工艺准备周期。

6. 答:表面粗糙度值的大小是衡量工件表面质量的重要指标,它对零件的耐磨性、耐腐蚀性、疲劳强度和配合性质均有很大的影响。检查的方法有比较法、光切法、干涉法和针描法(又称感触法)。

四、综合题

1. 答:如图 F1-4 所示。

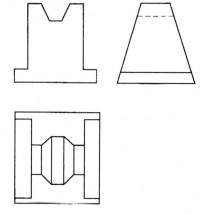

图 F1-4　补画俯视图

2. 解：$M=d_2+3d_0-0.866P$

$d_2=M-3d_0+0.866P=24.7-3\times0.577+0.866\times2=24.701$ mm

答：螺纹的中径 d_2 应是 24.701 mm。

附录二　数控车床工(技师)技能鉴定工作要求

职业功能	工作内容	技能要求	相关知识
加工准备	读图与绘图	1. 能够测绘工装装配图; 2. 能读懂常用数控车床的机械结构图及装配图	1. 工装装配图的画法; 2. 数控车床的机械原理图及装配图的画法
	制订加工工艺	1. 能编制高难度、高精密、特殊材料零件的数控加工多工种工艺文件; 2. 能对零件的数控加工工艺进行合理性分析,并提出改进意见; 3. 能推广应用新知识、新技术、新工艺和新材料	1. 零件的多工种工艺分析方法; 2. 数控加工工艺方案合理性分析; 3. 特殊材料的加工方法; 4. 新知识、新技术、新工艺、新材料
	零件定位与装夹	能设计及制作零件的专用夹具	专用夹具的设计与制造方法
	刀具准备	1. 能够依据切削条件和刀具条件估算刀具的使用寿命; 2. 根据刀具寿命计算并设置相关参数; 3. 能推广应用新刀具	1. 切削刀具的选用原则; 2. 延长刀具寿命的方法; 3. 刀具新材料、新技术; 4. 刀具使用寿命的参数设定方法
数控编程	手工编程	能够编制车削中心、车铣中心的三轴及三轴以上(含旋转轴)的加工程序	编制车削中心、车铣中心加工程序的方法
	计算机辅助编程数控加工仿真	1. 能用计算机辅助设计/制造软件进行车削零件的造型和生成加工轨迹; 2. 能够根据不同的数控系统进行后置处理并生成加工代码; 3. 能够利用数控加工仿真软件分析和优化数控加工工艺	1. 三维造型和编辑; 2. 计算机辅助设计/制造软件(三维)的使用方法; 3. 数控加工仿真软件的使用方法
零件加工	轮廓加工	1. 能编制数控加工程序车削多拐曲轴并达到以下要求,直径公差等级 IT6,表面粗糙度 $Ra1.6\ \mu m$; 2. 对适合在车削中心加工的带有车削、铣削等工艺的复杂零件进行加工	1. 多拐曲轴车削加工的基本知识; 2. 车削加工中心加工复杂零件的车削方法
	配合件加工	能进行两件或两件以上具有多处尺寸链配合的零件加工与配合	多处尺寸链配合的零件加工方法
	零件精度检验	能根据测量结果对加工误差进行分析并提出改进措施	1. 精密零件的精度检验方法; 2. 检具设计知识

职业功能	工作内容	技能要求	相关知识
数控车床维护与精度检验	数控车床维护	1. 能分析和排除液压和机械故障； 2. 能借助字典阅读数控设备的主要外文信息	1. 数控机床常用故障诊断及排除方法； 2. 数控车床专业外文知识
	机床精度检验	能够进行机床定位精度、重复定位精度的检验	机床定位精度、重复定位精度的检验内容及方法
培训与管理	操作指导	能指导本职业中、高级工进行实际操作	操作指导书的编制方法
	理论培训	1. 对本职业中、高级工和技师进行理论培训； 2. 能系统讲授各种刀具的特点和使用方法	1. 培训讲义的编制方法； 2. 切削刀具的特点和使用方法
	质量管理	能在本职工作中认真贯彻各项质量标准	相关质量标准
	生产管理	能协助部门领导进行生产计划、调度及人员的管理	生产管理基本知识
	技术改造与创新	能够进行加工工艺、夹具、刀具的改进	数控加工工艺综合知识

附录三 数控车削加工常用词汇英汉对照

1.absolute coordinate 绝对坐标

2.accessories 附件、辅助设备

3.accumulator 累加器

4.accuracy 准确度、精确度

5.adapter 适配器

6.adder 加法器

7.add operation 加法运算

8.AI(Artificial Intelligence) 人工智能

9.alarm 报警

10.alarm display 报警显示

11.alarm number 报警号

12.AMP(Adjustable Machine Parameter) 可调机床参数

13.analysis 分析

14.annunciator 报警器

15.answerback 响应

16.application program 应用程序

17.APT(Automatic Programmed Tools) 自动编程系统

18.arc,clockwise 顺时针圆弧

19.arc,counter clockwise 逆时针圆弧

20.assembly 装配

21.automatic cycle 自动循环

22.AUTOPROL(automatic program for lathe) 车床自动程序

23.axial feed 轴向进给

24.axis 坐标轴、轴

25.axis interchange 坐标轴交换

26.backlash compensation 间隙补偿

27.ball screw pair 滚珠丝杠副

28.bench mark 基准、基准程序

29.BMI(Basic Machine Interface) 机床基本接口

30.BOS(Basic Operating System) 基本操作系统

31.BRA(Breaker Alarm) 断路器报警

32.bug 错误、故障

33.cancel 作废、删除

34.canned cycle 固定循环

35.canned routine 固定程序

36.cartesian coordinate 笛卡儿坐标

37.chip conveyer 排屑装置

38.chip removal system 排屑系统

39.circular interpolation 圆弧插补

40.CNC lathe 数控车床

41.CNC milling machine 数控铣床

42.CNC turning machine 数控车床

43.diagnosis 诊断

44.diagnostic routine 诊断程序

45.diagnostic test 诊断测试

46.digital readout 数字显示

47.drift 漂移

48.dry run 空运转

49.edit 编辑

50.edit mode 编辑方式

51.editor 编辑器

52.emergency button 应急按钮

53.emergency stop 急停

54.EOP(End of Program) 程序结束

55.ES(Expert System) 专家系统

56.executive program 执行程序

57.executive system 执行系统

58.feedback 反馈

59.feedrate 进给速度

60.fixed cycle 固定循环

61.flexibility 灵敏性、柔性

62.G-code G 代码

63.G-function 准备功能

64.graphic display function 图形显示功能

65.GT(Group Technology) 成组技术

66.interference 干扰

67.input/output device 输入 / 输出设备

68.insertion 插入

69.interface 接口

70.interpolation　插补

71.input/output interface 输入 / 输出接口

72.jig mode 手动连续进给方式

73.jump 转移

74.keyboard 键盘

75.longitudinal feed 纵向进给

76.LVAL（Low Voltage Alarm）欠电压报警

77.linear interpolation　直线插补

78.machine datum 机床参考点

79.machine home 机床零点

80.magnetic disc memory 磁盘存储器

81.main program 主程序

82.main routine 主程序

83.maintenance 维修

84.malfunction 故障

85.man-machine dialogue 人机对话

86.manual continuous feed　手动连续进给

87.manual data input 手动数据输入

88.manual feed 手动进给

89.manual feed rate override 手动进给速度倍率

90.memory 存储器

91.memory cell 存储单元

92.menu 菜单

93.mode of automatic operation 自动操作方式

94.NC station 数控操作面板

95.NC system 数控系统

96.nest 嵌套

97.off-line 脱机、离线

98.operation 操作、运算

99.oriented spindle stop 主轴定向停止

100.origin button 回原点按钮

101.OS (Operating System) 操作系统

102.output 输出

103.overheat 过热

104.overload 过载

105.overspeed 超速

106.overtravel 超程

107.parabolic interpolation 抛物线插补

108.parameter setting 参数设定

109.parity check 奇偶校验

110.part programmer 编程员

111.plotter 绘图机

112.PMC(Programmable Machine Controller) 可编程机床控制器 (也就是 FANUC 系统用 PLC)

113.position accuracy 定位精度

114.position feedback 位置反馈

115.radial feed 径向进给

116.reference input signal 基准输入信号

117.reference offset 零点偏置

118.reference point return 返回参考点

119.relative coordinate 相对坐标、增量坐标

120.reset 清零、复位

121.self-diagnosis function 自诊断功能

122.sensitivity 灵敏度

123.sensor 传感器

124.sequence number 顺序号、程序段号

125.s-function 主轴功能

126.spindle 主轴

127.start-up diagnostics 启动诊断

128.system diagnostics 系统诊断

129.t-function 刀具功能

130.thread cutting 螺纹切削

131.thread cutting cycle 螺纹循环切削

132.tool diameter compensation 刀具直径补偿

133.tool length compensation 刀尖半径补偿

134.tool radius compensation 刀具半径补偿

135.tool retracting 退刀

136.turning cell 车削单元

137.turning center 车削中心

138.user macro 用户宏程序

139.user macro instruction 用户宏指令

140.abrasion 磨损

141.accurate to dimension 符合加工尺寸

142.adjust nut 调整螺母

143.adjust screw 调整螺钉

144.air chuck 气动卡盘

145.allowable deviation 允许偏差

146.allowance（配合）公差、（加工）余量

147.amount of feed 进给量

148.angle square 角尺

149.angular thread 三角螺纹

150.arbour 芯轴、刀杆

151.back center 尾顶尖

152.bar stock 棒料

153.basis 基准

154.bench 台、工作台

155.bent tool 弯头车刀

156.bilateral tolerance 双向公差

157.block gauge 块规

158.bore hole 镗孔

159.boring bar 镗杆

160.boring cutter 镗刀

161.boring depth 镗孔深度

162.caliber rule 卡尺

163.capstan lathe 转塔式车床

164.capstan rest 转塔刀架

165.carbide alloy 硬质合金

166.carbide chin 硬质合金刀片

167.carrier 鸡心夹头

168.center bit 中心钻

169.center lathe 普通车床、顶尖车床

170.center rest 中心架

171.centerline 中心线

172.chain dotted line 点划线

173.change gear box 交换齿轮箱

174.change gear bracket 交换齿轮架

175.chuck 卡盘、头盘

176.class of accuracy 精度等级

177.coarse thread 粗牙螺纹

178.counter-sunk belt 埋头螺栓

179.counter-sunk screw 埋头螺钉

180.curved lined 曲线

181.curved surface 曲面

182.cylindrical grinder 外圆磨床

183.cylindrical grinding 外圆磨削

184.dash line 虚线

185.data plate 铭牌

186.dead center 死顶尖、死顶针

187.depth 深度

188.depth of cut 切削深度、背吃刀量

189.depth of thread 螺纹深度、牙型高

190.detail 零件图、分件图、详图、明细

191.development 展开、展开图

192.diameter 直径

193.diameter at bottom of thread 螺纹底径

194.diameter of axle 轴径

195.diameter of bore 内孔直径

196.diameter of thread 螺纹直径（公称直径）

197.diameter of work 工件直径

198.diameter run-out 径向圆跳动

199.diamond borer 金刚石镗床

200.die for english standard thread 英制螺纹板牙

201.die for metric thread 米制螺纹板牙

202.die for taper thread 锥螺纹板牙

203.die handle 板牙扳手、板牙架

204.die hob 标准丝锥

205.dimension 尺寸、尺度

206.dimensional tolerance 尺寸公差

207.direction of feed 进给方向

208. disc chuck 花盘

209. distance 距离

210. dividing head 分度头

211. double-housing planer 龙门刨床

212. double stroke 双行程、双冲程

213. dovetail 燕尾、楔形楔

214. drill groove 燕尾槽

215. drill bushing 钻套

216. drill machine 钻床

217. drill plate 钻模

218. dynamic balance 动平衡

219. easy push fit 滑动配合

220. eccentric axis 偏心轴

221. eccentric distance 偏心距离

222. elastic deformation 弹性变形

223. end elevation 侧视图

224. end face 端面

225. end mill 立铣刀、端铣刀

226. english spanner 活扳手

227. escape 退刀槽

228. external thread 外螺纹

229. fast return 快速返回

230. fast travel 快速行程

231. fatigue resistance 疲劳强度

232. feed per minute 每分钟进给量

233. feed per revolution 每转进给量

234. feed per tooth 每齿进给量

235. flange 凸缘，法兰、法兰盘

236. four-jaw chuck 四爪单动卡盘

237. front rake angle 前角

238. gearbox 齿轮箱

239. graduate disk 刻度盘

240. grinding machine 磨床

241. half 半、二分之一

242. hard facing 表面硬化、表面淬化

243. heart carrier 鸡心头

244.heat treatment process 热处理过程

245.holding device 夹具

246.holding down plate 后板

247.indexing disc 分度盘

248.indexing head 分度头

249.initial allowance 机械加工余量

250.key beating 键槽

251.knurl 压花、滚花

252.knurl wheel 滚花轮

253.lathe 车床

254.lathe accessories 车床附件

255.lathe carriage 车床拖板

256.lathe carrier 车床鸡心夹头

257.lathe center 车床顶尖

258.lathe operator 车刀

259.lathe tool 车刀

260.lathe turning 车床车削

261.laying out 划线

262.length of thread 螺纹长度

263.long and short dash line 点划线

264.long and two-short dash line 双点划线

265.lubricating 润滑

266.lubricating oil 润滑油、润滑脂

267.machine 机器、机床、机械加工

268.major repair 大修

269.mandrel 芯轴、主轴

270.main spindle box 主轴箱

271.mark 符号、记号、标志

272.marking-off 划线

273.marking-off pin 划线针

274.marking-off plate 划线板

275.marking-off table 划线台

276.milling machine 铣床

277.Morse's cone 莫氏圆锥

278.Morse's taper 莫氏锥度

279.Morse taper reamer 莫氏锥形铰刀

280.Morse tapered hole 莫氏锥形孔

281.multiple thread 多头螺纹

282.multitool 多刀工具

283.multitool lathe 多刀车床

284.normal rated power 额定功率

285.oil seal 油封

286.oil trough 油管

287.one start screw 单头螺纹

288.one-way clutch 单向离合器

289.one-way valve 单向阀

290.operation card 工艺卡

291.outside surface 外装面

292.oval 椭圆形、椭圆形的

293.parallelism 平行度

294.pitch of holes 孔距

295.pitch of screw 螺距

296.plug thread gage 螺纹塞规

297.plunger 柱塞

298.plunger pump 柱塞泵

299.principal motion 立运动

300.principal section 立剖面、立截面

301.procedure 工序、程序

302.production rate 生产率

303.quenching 淬化、淬硬

304.reamed hole 铰孔

305.rectilinear motion 直线运动

306.rectilinear scale 直尺

307.roughing 粗加工

308.roughing turning tool 粗车刀

309.roughness 表面粗糙度

310.screw cutting 螺纹切削

311.screw tool 螺纹刀具

312.scribing calipers 内外卡钳

313.seal ring 密封环

314.set tap 平用丝锥

315.shaft basis 基轴制

316.side rake angle 副前角

317.side relief angle 副后角

318.slide guide 导轨

319.sphere 球、球面

320.spherical cutter 球面刀

321.spindle 主轴

322.spindle box 主轴箱

323.spindle hole 主轴孔

324.spindle speed 主轴转速

325.spindle speed control 主轴转速控制

326.spindle taper 主轴锥度

327.spiral chute 螺旋槽

328.spring cotter 开口销、开尾销

329.steel ruler 钢尺

330.stiffness 刚性、刚度

331.T-slot T 形槽

332.table control level 工作台控制手柄

333.table crosswise movement 工作台横向运动

334.table feed 工作台进给

335.table longitudinal movement 工作台纵向运动

336.tail centre 尾顶尖

337.tap 丝锥

338.tap chuck 丝锥夹头

339.tap die holder 丝锥板牙两用夹头

340.tap for metric thread 米制螺纹丝锥

341.taper bit 锥形铰刀

342.taper calculating 锥度计算

343.technical condition 技术条件

344.technical parameter 技术参考

345.technical terms 技术术语

346.templet 型板、样板

347.thread plug gage 螺纹塞规

348.thread ring gage 螺纹环规

349.title panel 标题栏

350.tolerance 公差

351.tolerance and fit 公差及配合

352.tolerance of dimension 尺寸公差

353.tolerance of fit 配合公差

354.tool carrier 刀架

355.tool clamp 刀夹

356.trim cut 试切、试切削

357.turnings 切屑

358.twist drill 麻花钻

359.vertical boring and turning machine 立式车床

360.vernier caliper 游标卡尺

361.vernier depth gauge 游标深度尺

362.vernier height gauge 游标高度尺

363.weld 熔焊、焊接

364.welding crack 焊缝

365.working-hours 工作时间

附录四 数控车床工（技师）论文写作与答辩要点

一、论文写作

1. 论文的定义

论文是讨论和研究某种问题的文章，是一个人从事某一专业（工种，如数控车工）的学识、技术和能力的基本反映，也是个人劳动成果、经验和智慧的升华。

2. 论文的构成

论文由论点、论据、引证、论证、结论等几个部分构成。

①论点是论述中的确定性意见及支持意见的理由。

②论据是证明论题判断的依据。

③引证是引用前人事例或著作作为明证、根据、证据。

④论证是用以论证论题真实性的论述过程。一般根据个人的了解或理解证明。机械加工（如数控车工）技师论文是用事实即加工出的零件来证明。

⑤结论是从一定的前提推论得到的结果，对事物作出的总结性判断。

3. 技术论文的撰写

（1）论文命题的选择

论文命题的标题应做到贴切、鲜明、简短。写好论文关键在于如何选题。就机械行业来讲，由于每个单位情况不同，各专业技术工种也不同；就同一工种而言，其技术复杂程度、难易、深浅各不相同，专业技术各不相同，因此不能用一种模式、一种定义来表达各不相同的专业技术情况。选择命题不是刻意地寻找，去研究那些尚未开发的领域，不要超出技师的要求，比如数控车工技师论文选择为《五坐标刀具补偿的算法》（硕士论文）或《五坐标刀具补偿的建模》（博士论文）都是不合理的，而要把生产实践中解决的生产问题、工作问题通过筛选总结整理出来，上升为理论，以达到指导今后生产和工作的目的。数控车工技师论文选择《在车削中心上非圆曲线端面凸轮的编程与加工》就比较合适。命题是论文的精髓所在，是论文方向性、选择性、关键性、成功性的关键和体现，命题方向选择失误往往导致论文的失败。选题确定后再选择命题的标题。

（2）摘要

摘要是论文内容基本思想的浓缩，其作用是简要阐明论文的论点、论据、方法、成果和结论。摘要要完整、准确和简练，其本身是完整的短文，能独立使用，字数一般以两三百字为好，至多不超过 500 字。

（3）主题词

主题词是对论文内容的高度概括，是代表论文的关键性词语。比如《在车削中心上非圆曲线端面凸轮的编程与加工》的主题词就是"车削中心、非圆曲线、宏程序、加工方法、等距线、动力刀具"等。主题词一般为 4～6 个，一般不要超过 10 个。

（4）前言

前言是论文的开场白，主要说明本课题研究的目的、相关的前人成果和知识空白、理论依据和实践方法、设备基础和预期目标等。切忌自封水平、客套空话、政治口号和商业宣传。

（5）正文

正文是论文的主体，包括论点、论据、引证、论证、实践方法（包括其理论依据）、实践过程及参考文献、实际成果等。写好这部分文章要有材料、有内容，文字简明精练、通俗易懂，准确地表达必要的理论和实践成果。在写作中表达数据的图、表要经过精心挑选；论文中凡引用他人的文章、数据、论点、材料等，均应按出现顺序依次列出参考文献，并准确无误。

（6）结论

结论是整篇论文的归结，它不应是前文已经分别作的研究、实践成果的简单重复，而应该提到更深层次的理论高度进行概括，文字组织要有说服力，要突出科学性、严密性，使论文有完善的结尾。对于数控车工技师来说，最好是呈现已经用作者的加工方法加工出来的零件。

论文是按一定格式撰写的。一般分为题目、作者姓名和工作单位、摘要、前言、实践方法（包括其理论依据）、实践过程和参考文献等。论文全文的长短根据内容需要而定，一般在三四千字以内。要明确读者对象，要充分占有资料。初稿完成后，要进行反复推敲与修改，使文字表达符合我国的读者习惯和行业标准，文字精练，逻辑关系明确。除自审外，最好请有关专家审阅，按所提的意见再修改一次，以消除差错，进一步提高论文质量，达到精益求精的目的。

二、论文的答辩

1. 专家组成

专业技术工种专家组须由 5～7 名相应技术工种的专家、技师、高级技师、工程师、高级工程师组成。

2. 答辩者自序

自序包括两部分内容。

①答辩者的个人情况，包括工作简历、发明创造、技术革新，时间不要超过 5 min。

②论文情况，答辩者介绍一下论文的论点、论据、在本论文中的创新点、本论文存在的问题等。要注意，这不是论文的宣读。时间不要超过 10 min。

3. 专家提问

专家组提问考核，时间约为 15 min。主要包括以下几个方面：

①论文中提出的结构、原理、定义、原则、公式推导、方法等；

②本工种的专业工艺知识，一般以鉴定标准为依据；

③相关知识，不同的工种是不同的，比如数控车工技师的相关知识大体上涉及加工工艺、夹具、刀具、电气、维修、验收、工效学、质量管理、消防、安全生产、环境保护等知识。

4. 结论

对具体论文（工作总结）主要从论文项目的难度、项目的实用性、项目的经济效果、项目的科学性进行评估，作出"优秀、良好、中等、及格、不及格"的结论。

参 考 文 献

［1］肖日增 . 数控车床加工任务驱动教程［M］. 北京:清华大学出版社,2010.

［2］李红波,张伟峰 . 数控车工(高级)［M］. 北京:机械工业出版社,2010.

［3］林岩 . 数控车工技能实训［M］.2 版 . 北京:化学工业出版社,2012.

［4］韩鸿鸾,邹玉杰 . 数控车工全技师培训教程［M］. 北京:化学工业出版社,2009.

［5］韩鸿鸾 . 数控车工(技师、高级技师)［M］. 北京:机械工业出版社,2008.

［6］方沂 . 数控机床编程与操作［M］. 北京:国防工业出版社,1999.

［7］杨丰,张璐青 . 数控车工国家职业技能鉴定指南(高级、技师、高级技师/国家职业资格三级、二级、一级)［M］. 北京:电子工业出版社,2013.

［8］李银涛 . 数控车床高级工操作技能鉴定［M］. 北京:化学工业出版社,2009.

［9］倪春杰 . 数控车床技能鉴定培训教程［M］. 北京:化学工业出版社,2009.